佛系减糖

曼蒂妈咪◎著

华龄出版社
HUALING PRESS

图书在版编目（CIP）数据

佛系减糖 / 曼蒂妈咪著 . -- 北京：华龄出版社，
2021.12
ISBN 978-7-5169-2159-3

Ⅰ. ①佛… Ⅱ. ①曼… Ⅲ. ①减肥－食谱 Ⅳ.
① TS972.161

中国版本图书馆 CIP 数据核字（2021）第 278930 号

策划编辑	安斯娜		责任印制	李末圻	
责任编辑	郑建军		装帧设计	末末美书	

书 名	佛系减糖		作 者	曼蒂妈咪
出 版发 行	华龄出版社 HUALING PRESS			
社 址	北京市东城区安定门外大街甲 57 号		邮 编	100011
发 行	（010）58122255		传 真	（010）84049572
承 印	三河市三佳印刷装订有限公司			
版 次	2022 年 1 月第 1 版		印 次	2022 年 1 月第 1 次印刷
规 格	710 mm×1000 mm		开 本	1/16
印 张	13		字 数	98 千字
书 号	ISBN 978-7-5169-2159-3			
定 价	68.00 元			

减糖的惊人变化，
设计属于自己的减糖盘餐

"曼蒂妈有三个女儿，外表看起来不胖，内在却是油脂满满。"这是我在IG上的简介，外表体型看起来正常，体脂肪数值却偏高，大家笑称的"泡芙人"或者"瘦胖子"就是我。

就因为外表看起来并不胖，所以很多人一听到曼蒂要开始减糖时，都质疑着"你又不胖，还要减肥？"殊不知我的体脂数据早已经超过标准值了。

回想当年怀大女儿和第二胎双胞胎女儿时，体重皆从43公斤增加到61公斤。身高不高的我，还怀着双胞胎，整个人看上去，真的就像是一颗圆圆的球。

生完后很努力瘦回47～48公斤左右，这几年也算是有维持住，身边的亲友们也不觉得曼蒂妈过胖，外表就是看起来有点肉又不太肉的。当时傻傻的，只在意着体重秤上的数字变化，觉得数字有减少就是有变瘦，完全没注意到自己体脂肪已逐渐攀高。

一直到这两年体检时，总是被医护人员提醒体脂肪数值偏高，饮食要注意，当时自认为平常吃的已经算健康了，也不以为意。但身高不高的我，BMI值乍看下正常，但体脂肪却有32.5%，也就是大家所说的"泡芙人"，对身体健康其实已经产生影响。

2018年初，我开始接触到低糖、减糖的风潮后，曾一度认为自己无法戒掉淀粉这块，因为烘焙一直是我的生活重心，不只工作上需要，每天都期待着以亲手做的面包，开启美好的一天。

但是人很奇怪，说变就变，就在2018年9月17日，为了能在两周后的一个颁奖典礼上看起来体态好一点，便毅然决然地决定限制每日不超过60g的糖量。

吃了11天的减糖餐后，很有效果，于是我就下定决心，开始计划要实施三个月的减糖饮食，希望能借由改变饮食内容，来达到减脂的效果，摆脱"泡芙人"的身份。之后，我每天都认真地做功课找数据，查询如何吃减（低）糖的食物，该怎么吃才对。

我开始调整自己的饮食内容，研究怎么让自己吃得开心又不饿肚子，让每道餐点都尽量达到视觉和美味的平衡。每每将减糖餐分享到社交网络上后，受到许多网友的鼓励，让我更有信心，于是持续地减糖，直到现在。

我很喜欢美国名主持人欧普拉（Oprah Winfrey）说的："当你吃得有自觉，也吃得对，你就同时喂饱自己与灵魂；当你懂得越多，也就会做得更好。"

减糖、低糖或生酮的大方向，都是在控制血糖不要升高，降低摄入过多的葡萄糖，进而囤积成体内脂肪。当理解了这些饮食法的真正含义，就可以灵活运用在日常生活上。一开始减糖，我就是属于积极派，严格执行自己设定的减糖目标，但也知道每个人的条件与生活环境不同，所以也支持"佛系减糖"的吃法。

我认为，只要想改变自己不好的饮食习惯都很好，重点是这样的饮食改变，能不能持续下去。自从开始做减糖餐到现在，已经一年多，我的体脂肪已从原本的32.5%的肥胖区成功降到23%的正常健康区，外表看起来精实许多。

目前曼蒂的饮食规划是处在维持期，每日糖量数会落在100g左右，体脂及体重仍维持着，没有复胖。

左图减糖前
体重48公斤，体脂32.5%

右图减糖后
体重43公斤，体脂23%

执行减糖期间，曼蒂的身体并没有不适的情况，但是每个人的反应皆不相同，如果有健康方面的疑虑，不知道自己是否适合减糖，建议还是要咨询医师意见喔！

最后想对大家说的是，减重并不等于减脂，减糖后会发现初期体重下降得很快，那是因为初期掉的重量大多是水分，当水分排得差不多时，可能面临的就是体重卡住不动了。此时真的不要感到沮丧，也不要去比较为什么别人可以瘦那么快，每个人的体质及条件本来就不相同，一直比较只会让自己备感压力。能不能持续下去是重点，成功坚持下去才能真正达到减脂的目的。

　　很感谢本书的出版社，让曼蒂有机会写下这本减糖料理书，也希望能借由自己亲身的减糖经验，帮助到想减糖又不知道该如何开始的朋友们，传达给大家减糖饮食该怎么吃的相关信息，让大家都能一起轻松减糖，并且开启亲手下厨的动力，天天都充满元气。

目录
CONTENTS

Part 1.
启动减糖模式　打造易瘦体质

Part 2.
减糖饮食的三大原则

Part 3.
减糖饮食轻松上手

Part 4.
减糖料理自己做，糖量好掌握

<20g 激瘦限糖餐
（每盘 <20g 糖量）：健康营养刚刚好

<36g 无压少糖餐
（每盘 <36g 糖量）：想再多吃一点点

<50g 佛系减糖餐
（每盘 <50g 糖量）：分量满满很饱足

Part 5.

减糖也能安心吃的烘焙点心

搭餐吐司

低糖点心

Part 1.
启动减糖模式
打造易瘦体质

减糖的关键是有效控制血糖值，
拥有正确的减糖观念，才能瘦得健康、瘦得持久。

减糖第一步，
先来认识"糖"

很多人都不太清楚，减糖饮食是不是减掉"糖分"就好了？

一般我们所知道的"糖"，就是具有甜味、放进嘴中吃起来甜甜的，常见的糖有精致砂糖、蔗糖、果糖、葡萄糖等。而减糖中的"糖"，则是碳水化合物的总称，包含了纤维、多糖、寡糖、双糖、单糖。这类糖吃起来不一定能立即尝到甜味，而是在人体内经过分解，转化成葡萄糖，供人体利用。

而在全谷杂粮类、蔬菜类、水果类、乳品类、豆鱼蛋肉类、油脂与坚果种子类，这六大食物分类里，前四大类皆有糖类的存在，范围非常广泛。

六大食物分类	主要营养素
全谷杂粮类	糖类、蛋白质
蔬菜类	糖类、蛋白质
水果类	糖类
乳品类	糖类、蛋白质、脂肪
豆鱼蛋肉类	蛋白质、脂肪
油脂与坚果种子类	脂肪

减糖为什么就能瘦？
关键在于"血糖值"

想要打造易瘦体质，要先了解人体是如何储存脂肪的。碳水化合物、蛋白质、脂肪是人体所需的三大营养素，主要提供人体所需热量，而其中又以碳水化合物最容易影响血糖波动。

碳水化合物经人体摄取后，再经由消化分解，转化成葡萄糖进入血液中，此时血糖值便会上升。这时胰脏为了维持血糖平稳，便开始分泌胰岛素。胰岛素的主要工作是储存养分，正常的胰岛素分泌，能将葡萄糖经由血液送往肌肉或肝脏里储存，供细胞使用。

但是，肌肉与肝脏储存的空间有限，这时若有多余的葡萄糖，便会转变为脂肪细胞开始囤积，这样的结果就是最后人体"变胖"了。所以，胰岛素又被称为"肥胖荷尔蒙"。

控制好血糖值，不让餐后的血糖值大幅升高，进而刺激胰岛素的过度分泌，最好的方式便是控制糖类的摄取。当人体内的葡萄糖能源不足时，身体就会开始使用原本的脂肪作为能量，进而开始"变瘦"。

column
营养师小专栏

倪曼婷营养师

Q1.控制好血糖值会让人体产生怎样的变化，进而达到减肥呢？

　　人体中最主要用来控制血糖恒定的荷尔蒙称为"胰岛素"，是由胰脏的β细胞所分泌。目的是用来降低血糖、维持血液中的血糖浓度，使人体血糖保持在恒定的状态。胰岛素可帮助肌肉及细胞利用葡萄糖作为能量的来源，过多的葡萄糖及热量则会转变为脂肪储存起来，造成体内脂肪堆积与肥胖。

　　若长期摄取过多的糖分，会使胰岛素需要经常性的大量分泌，造成胰脏的β细胞耗损、分泌胰岛素的功能不佳，同时也可能降低胰岛素的敏感性，造成胰岛素阻抗，进而使血液中的糖分过高，身体长期处于高血糖的状态，也就是俗称的"2型糖尿病"。

　　若想要减肥、瘦身，最重要的必然是让身体的消耗量大于摄取量，当血糖起伏过大或长期处于高血糖的状态下，只要血糖相对偏低，身体便会开始产生反应，可能出现头晕、无力等症状，同时产生饥饿感、刺激食欲。而强烈的饥饿感容易使人暴饮暴食、无法控制进食量，不知不觉吃进大量食物，导致热量摄取过多，造成肥胖。所以维持血糖的恒定状态，绝对是体重控制中，非常重要的一环。

　　在营养学上，将食物营养素分作三大类：碳水化合物（糖类）、蛋白质以及脂肪，其中影响血糖的食物最主要的便是糖类。而卫生部门的每日饮食指南手册把食物划作六大类，包含全谷杂粮类、豆鱼蛋肉类、乳品类、蔬菜类、水果类、油脂与坚果种子类，其中富含糖类的食物则为全谷杂粮类、乳品类、蔬菜类以及水果类。若想将血糖调控在稳定状态下，适时适量地摄取含糖食物，便可达到血糖恒定的目的。

Q2.减糖饮食法的最大好处是什么？

一个良好的减重方式，必定是以不危害身体健康为前提，并且是可以长期执行的。如今网络信息发达，流行的减重方式有很多，常见一些女明星为了短期见到显著效果，使用极低热量饮食法（系指每日摄取低于800大卡），又或者是早先较流行的阿金饮食、生酮饮食以及本书讨论的减糖饮食，虽然上述的饮食方式确实可以达到减重效果，但有些方式可能会有执行困难、无法长期执行或长期执行可能增加心血管疾病产生风险等问题。

减重是为了健康，但别为了减重而失去健康！

根据饮食指南建议，将降低心血管疾病及癌症风险列入考虑范围后，人们摄取碳水化合物（糖类）的比例应占总热量的50%～60%、蛋白质占10%～20%以及油脂占20%～30%。而生酮饮食是指将碳水化合物的比例降至总热量的5%以内，蛋白质比例维持，其他则由油脂作为热量的来源。如此高油脂的饮食型态，与台湾岛人以面包、馒头、米食、面食等作为主食的饮食习惯相比，执行确实不容易，常因执行不易或方式错误，反而伤害身体健康或减重失败，这时便可考虑减糖饮食，因为相对来说，减糖是一种弹性较高的减重方式。

减糖相较于生酮饮食更容易实行，以本书提到的减糖为例，是将正餐的部分糖类降低，并且避免高糖食物（如：含糖饮料、糕饼、零食等），便可执行。饮食的方式也较接近台湾岛人的饮食型态，且摄取适量的糖类，对于维持正常的脑部及神经系统具有相当的帮助，亦可避免减重时容易出现的情绪不佳。

除此之外，如同上段所提到的，减糖饮食可以使血糖更加稳定，当身体的血糖平稳，不像坐云霄飞车般高低起伏的话，就不容易产生饥饿感，食欲降低时，自然可以轻松达到减重的目的。

Q3.所有人都适合减糖吗？

没有一种减重方法是适合每一个人的。因为每个人的体质、生活习惯、饮食型态、喜好、可以接受的饮食调整方式，甚至是疾病与用药都不一样。所以，在挑选适合自己的减重方式时，建议可以设定一个期限去执行，确认自己适不适合这种减重方法、是否效果不彰、因此情绪不佳、易怒或过度受限、出现暴饮暴食等情况。在执行一段时间后，也需要恢复正常的均衡饮食型态，以避免长期缺乏特定营养素造成营养不良。

但若是有罹患慢性疾病（如：糖尿病），因要口服糖尿病降血糖药物或施打胰岛素，若想要使用减糖饮食就需要特别注意，执行前需要经过专业医师或营养师评估，并在执行的过程中，有专业人士的陪伴，确认执行方式无误。当糖类摄取量过低或低于日常饮食量，而未调整药物剂量的情况下，容易导致低血糖，出现盗汗、发抖、晕眩、心悸的症状，严重时甚至会昏迷，是不可轻视的严重问题。

他人的成功案例，应为动力，而非压力。

但无论是使用哪一种减重方式，都不建议大家在尝试减重方式的时候，拿别人的减重成效和自己比较，要避免因为别人效果更为显著，就把减重、减糖作为一个沉重的心理负担，这样子反而容易导致心情沮丧、自我厌恶以及减重失败。

Q4.减糖遇到瓶颈怎么办？

体重过重或肥胖不是一天造成的，减重当然也不是一天就可以瘦下来。急速体重下降，只会让自己在恢复正常饮食时，快速复胖而已，养成良好的饮食习惯并达到减重目的，需要循序渐进。遇到瓶颈时可以先问问自己：面临了怎样的瓶颈？为何明明饮食控制了却未见体重下降？持续多久了？还是无法克制自己想要吃东西的欲望？常常减糖失败？

如果是长期执行饮食控制仍未见成效。这时建议先自行在家中利用手机拍照或记笔记，做饮食记录，记录自己吃进的一日三餐、食物来源、种类、分量、烹调方式等。不只是正餐，下午的点心、饮料也通通都要记录起来！在做饮食记录时，会发现很多自己原本没有注意到的进食，不知不觉摄取过多热量。

若在自己的饮食记录当中，也找不出体重没有下降的原因，多数的原因都是因为在餐点中，吃到了大量隐藏糖分或油脂食物。这时，建议带着记录寻求营养师的帮忙，让营养师利用专业知识来协助解决。

减重时心态的调整也很重要，常常无法克制自己想要吃东西的欲望是因为太刻意的过分专注，反而让自己更想吃东西！最好的方式是将减重当作是一件轻松的事情，以平常心来对待，未必一定要跟上流行，强迫自己接受减糖、生酮等特殊的饮食型态，只要先建立良好的饮食习惯，即使体重下降的速度较缓慢，但慢慢地，一定都会有成效的。

减重最大原则：消耗量＞摄取量

基础代谢率为人体维持生命所需的基本热量，当饮食控制到一定程度体重却无法下降，这时强烈建议加入运动，以提升活动量帮助身体消耗量增加。不过最好的方式还是建议在饮食控制时，便开始搭配肌力训练，让我们可以慢慢地提升身体肌肉量，让身体基础代谢增加，能更容易达到减重目的。

Part 2.
减糖饮食的三大原则

原则一　控制每日摄取总糖量
原则二　摄取优质低糖食材
原则三　足够且质量良好的睡眠

原则一
控制每日摄取总糖量

　　了解减少糖量摄取为何能帮助减肥的原理后，就可以开始我们的减糖计划了。原则一，就是先按照自己的日常饮食习惯，来设定每日的糖类克数。

　　先来看一下卫生部门最新的饮食指南，指南建议大家每日摄取的营养素比例为蛋白质10%～20%、脂质20%～30%、糖类（碳水化合物）50%～60%，假设每日所需热量以1500卡来计算，那么糖量将会高达187.5～225g。

> 例如：1500 kcal × 60%/4kcal=225
> （碳水化合物1g为4kcal）

　　如果想以减糖饮食达到减肥的效果，则必须大幅降低糖类在每日营养素里所占比例，而减少每日主食，也就是降低米饭、面食的摄取量，就可以让糖量大幅下降。

　　以这两盘减糖餐为例（地瓜已经是推荐代替米饭的优质淀粉之一），假设以往可能会吃一整颗100g的地瓜，减糖时就从减少一半（50g）的地瓜开始，糖分一下子就少了12.15g，甚至于如果完全拿掉地瓜不吃，整盘糖量仅仅只有5.33g。

图1

　　由于每个人的生活型态及饮食习惯的不同，如果要求一下子减少，甚至完全不摄取主食，可能会让部分喜爱米饭、面包的人感到困难，而对减糖却步。所以，本书建议想减糖的朋友，可以依照以下三种不同的糖量，来选择适合自己的减糖盘餐。

要提醒大家，吃减糖餐的同时戒除含糖饮料、精致甜点、零食等高糖高热量食物的摄取，才能尽快看到减糖饮食后的效果喔！

方案 1 健康营养刚刚好，激瘦限糖餐（每盘＜20g糖量），
每日建议总糖量60g

最适合想要快速看到减重效果，并且能够接受初期完全无主食的朋友。

方案 2 想再多吃一点点，无压少糖餐（每盘＜36g糖量），
每日建议总糖量110g

最适合想维持体重，改善身体健康，一天三餐里想保有1~2餐吃主食的朋友。

方案 3 分量满满很饱足，佛系减糖餐（每盘＜50g糖量），
每日建议总糖量150g

最适合喜欢吃淀粉的朋友，或是想改变自己的饮食习惯，却又怕自己无法持久，希望每餐都能吃到一些米饭、面食，对于减重的速度缓慢，也不介意的朋友。

以上糖量的摄取量是指净碳水化合物，因为糖类里包含的纤维不会被人体吸收，也不会造成血糖的波动，可以不用计入。所以，碳水量的计算方式为：

【总碳水化合物－膳食纤维＝净碳水化合物】

参考图2营养标示：

此份食材每100g碳水化合物为66g，膳食纤维为7.2g，那么当我们食用100g时，真正需要计算的碳水量是：

（碳水化合物66g－膳食纤维7.2g＝58.8g净碳水）

决定了每日的糖量摄取后，要如何确认自己到底摄取了多少糖量？建议使用以下三个工具辅助，就可以让大家轻松开始减糖。

营养标示		
每一份量30公克 本包装含30份		
	每份	每100公克
热量	110大卡	365大卡
蛋白质	4.4公克	14.5公克
脂肪	1.9公克	6.4公克
饱和脂肪	0.3公克	1.1公克
反式脂肪	0公克	0公克
碳水化合物	19.8公克	66公克
糖	0.6公克	2公克
膳食纤维	2.2公克	7.2公克
钠	2毫克	6毫克
钙	90毫克	300毫克
水溶性纤维	0.9公克	3公克

图2

图3

1.准备料理用秤及量匙

当开始着手准备料理的减糖餐食，投资一台料理秤绝对会有帮助。市场上销售的料理秤价格区间虽不一定，但整体来说并不昂贵，一台百元不到的料理秤就非常好用了。

尤其是对于想开始动手却没有料理经验的朋友，更是建议要准备一台。如果今天告诉你100g的花椰菜里含有的净碳水量为3.5g，那么到底100g的花椰菜具体量是多少，相信大部分的人很难拿捏得准。

图4为100g的地瓜叶，煮熟前与煮熟的样子，本书食谱称重都是"以测量食材的生重"为主。

在减糖初期，想确认食材能够吃的分量，用秤测量是最精准的，尤其是选择采用每日总糖量值为60g的减糖餐吃法，更建议要称重，这样才能控制盘餐内容，不会超过设定糖量的范围。

图4

或许，一开始这样的做法会让部分的人感到烦躁，但其实测量一个礼拜左右，心中就会有个底。等上手后，对食材更加认识，用到秤的机会也就不多了。

而量匙的准备则是运用在料理及烘焙上，依照食谱会更容易操作出相同的口味，各大卖场或是商店等，都能够买到。

2.使用卫生部门食品营养成分数据库，查询食材含糖量

开始动手料理前，要如何得知各项食材里的含糖量呢？建议大家可以上网到卫生部门食品药物管理署（FDA）中的食品营养成分数据库查询。

网址→https://consumer.fda.gov.tw/Food/tfndDetail.aspx?nodeID=178&f=0&id=749

◎查询范例：红豆

第1步 到网站食品营养成分资料库页面，于食品分类区选择豆类，在关键词字段输入"红豆"后按搜寻，就会跳出红豆的搜寻结果。

第2步 点入数据页面后，就会列出红豆所有的营养成分，粗蛋白即是蛋白质，粗脂肪即是平常所称的脂肪；而我们需要注意的，则是总碳水化合物与膳食纤维这两栏的数字。

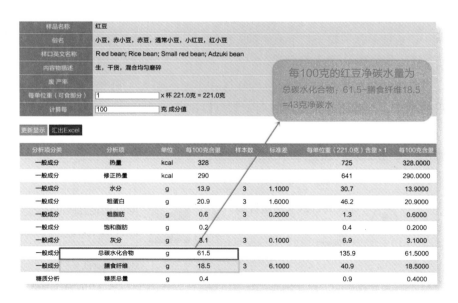

以红豆为例，每100g的净碳水量为【总碳水化合物61.5g－膳食纤维18.5＝43g净碳水】

如果觉得用电脑查询不方便，也可以用手机操作，只要将网站加到手机的主画面，这样随时随地都能方便地查询了。

图5

下载的方式为，使用手机进到网站页面（见图5），点击手机页面右上方的三个黑点图示，点下后会展开许多选项，请选择"加到主画面"，再依照图示操作即可。

3.善用手机热量管理APP

查询到碳水量后，就可以来设计每日的减糖菜单，这时搭配记录食物的APP，更能清楚一整天吃下来的营养比例。

以下两款APP程序为FatSecret与MyFitnessPal（见图6），是大家比较常使用的APP，推荐刚开始减糖的朋友都可以试着记录看看。里面有许多的食物种类可供查询，也可以自行定义自己的食谱。通过记录，能了解自己吃的营养比例对不对，确保有吃到自己的基础代谢所需要的营养。

图6

原则二
摄取优质低糖食材

学会辨别高糖与低糖食材

减糖饮食最大的优点就是什么食材都能吃，只要注意碳水化合物的量，不要超过自己能吃的糖量范围即可。

有部分人误会减糖饮食就是完全不能碰淀粉，例如：藜麦、地瓜等。其实不是不能吃，而是假设今天是以每日不超过60g糖量的方案来进行减糖，如果食用高碳水的食材，不仅吃的量极少，也将每日可吃的碳水量占掉大部分，反而减少摄取所需的营养素，所以在冲刺期间只是先暂时不吃，等体重达到理想阶段，回到维持期，还是可以适量摄取的，毕竟这些食材都含有丰富的营养。

所以想开始减糖，懂得怎么挑选高糖与低糖食材，就可以让自己吃得满足，也吃得安心。

放心大口吃的食材

指碳水量极低，摄取后饱足感比较能维持的食材。

蔬菜类　所有叶菜类的蔬菜都可以大口吃，尤其推荐以深绿叶菜为主，其他瓜果类的蔬菜则是推荐西葫芦、小黄瓜、甜椒等，菇类也是非常优质的食材，蔬菜的搭配尽量多元，每日摄取的分量都要达300g以上，膳食纤维才会足够。

海鲜类　所有海鲜类均适合，尤其以三文鱼、鲭鱼、金枪鱼最为推荐。

肉品　猪肉、牛肉、羊肉、鸡肉、鹅肉、鸭肉。

蛋类　常见的蛋类有鸡蛋、鸭蛋、鹅蛋和鹌鹑蛋等。

豆制品　板豆腐、嫩豆腐、生豆皮等。

适量巧妙吃的食材

指可用于搭配餐点，解馋时的食材，摄取过多碳水量仍会偏高，偶尔吃即可。

天然的代糖　甜菊糖、赤藻糖醇、罗汉果糖。

根茎类　地瓜、山药、芋头、莲藕、紫薯。

乳制品　奶酪、希腊酸奶。

坚果类　核桃、夏威夷果、杏仁果。

水果类　蓝莓、草莓等莓果类，以及不甜的水果。

饮品　无糖豆浆、无糖杏仁奶。

避免吃的地雷食材

指碳水量高，空热量、无营养价值，易让血糖大幅上升的食物。所有精致糖类制成的面包点心、果汁、汽水、手摇饮等含糖饮料，以及加工食品皆是。加工食品虽然碳水普遍不高，但由于添加物太多，非原型食物，如培根、香肠、火腿片等，所以不建议摄取。

购买前比一比，避免掉入隐形糖量的陷阱

分清楚该避掉的高糖食品后，采买前面介绍过可以吃或安心吃的食材，应该就没问题了吧？减糖饮食会建议大家多摄取原型食物，如要购买其他品项，最好花点时间看看外包装的成分表及营养标示，不然很容易掉进隐形糖量的陷阱。

以下面常见三款食材为例：

| 豆腐 |

传统豆腐不仅含有膳食纤维，也富含蛋白质，其中的大豆皂苷，可以抑制脂肪堆积，是很推荐的减糖食材之一，但现在市售豆腐种类很多，并不是每种都适合选购。

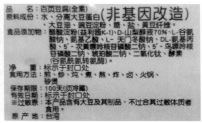

图7

例如，很多人喜欢吃的百页豆腐，就不推荐当成减糖食材。百页豆腐的主要成分，是由人工萃取的大豆分离蛋白，且含有大量大豆油及其他添加物所制成的加工豆制品。光以热量来看，就比一般传统豆腐高出四倍之多，营养成分更是大打折扣。另外，如芙蓉豆腐、蛋豆腐或是甜点的杏仁豆腐，其实都不含黄豆成分，营养价值远不及真正的豆腐。建议选择成分只有水、黄豆与凝固剂三种原料的豆腐为主，例如传统板豆腐、凉拌豆腐、嫩豆腐。

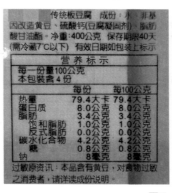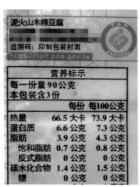

图8

接着再从中来比较各品牌的碳水量，见图8，两款品牌的板豆腐成分都很单纯，就很适合购买。如要进一步比较碳水化合物的含量，可以看出两款板豆腐每100g差了2.7g，所以比较后，则会选择右边碳水较低的板豆腐。

| 酸奶 |

酸奶含有对人体健康有益的益生菌，能够改善人体胃肠道功能，但是如果选错了，不只热量高，也多摄取了不必要的添加物。挑选酸奶除了避免选择风味酸奶外，也不能只看标示无糖就购买，有的品牌虽标示无糖，但仔细看成分内容，却含了蔗糖。

图9

图10

挑选酸奶时，建议只选由生乳与菌种发酵而成的产品，以图10做比较，就可以看出端倪。左边的酸奶成分含有添加物，含糖量也比右边的高，而右边的酸奶只使用生乳及菌种，而且每100g重量，碳水只有5g以下，就比较适合购买。

| 鲜奶油 |

动物性鲜奶油以及植物性鲜奶油，是容易被混淆的食材。在这里，被归类在可以适量摄取的鲜奶油，指的是"动物性鲜奶油"。动物性鲜奶油是牛奶在提炼奶油的过程中所产生的，是天然的乳制品。但动物性鲜奶油也

图11

有饱和脂肪过高的问题，可能会增加心血管疾病风险，需酌量使用（见图11）。

依脂肪含量多寡，还会再区分成料理用或是可打发用，一般若使用于打发用途，建议使用乳脂含量高于35％的鲜奶油。

而植物性鲜奶油则是人造鲜奶油，是业者为了延长定型时间及保存期限所发明出来的，成分含有反式脂肪酸，且添加了香精及其他添加物，长期食用容易引发肥胖、高血压、高血脂等疾病。采买时，就要避免错买成氢化过的植物性鲜奶油，避免对身体的伤害。

摄取好油脂与足够的蛋白质

减糖时总会与志同道合的减糖网友互相打气加油，加油不只是精神上，在减糖饮食上，还真的要懂得"加油"。

减糖饮食里的脂肪比例，会比传统饮食来得高一些，刚开始调整减糖饮食的人，知道要减少碳水的摄取，却忘了调高油脂的摄取，结果吃成了水煮餐。此时，可能遇到的情况就是容易产生饥饿感，或是如厕时没那么顺畅。

尤其是女性朋友更不要怕吃油，吃进油脂并不代表体内就会多出脂肪，而是要学着去认识油，进而吃对油。厨房里只有一瓶油从头用到尾，其实不是一个好方法，油脂的选择应该更多元化，并依烹饪方式的不同做选择。

适合炒菜的油　苦茶油、牛油果油、动物油、橄榄油、菜籽油、椰子油。

适合高温油炸的油　动物油、橄榄油、菜籽油、椰子油。

适合凉拌的油　初榨橄榄油、亚麻仁油、紫苏油。

适合烘焙的油　草饲无盐奶油、牛油果油、椰子油。

也可从食物里直接获取油脂，例如：坚果，富含DHA与EPA的鲑鱼、鲭鱼、秋刀鱼等。

卫生部门公告的《每日饮食指南》中也建议民众，每日应摄取1份坚果，作为每日油脂食物摄取的一部分。因为各种坚果种子所含碳水量及营养不同，建议以核桃、夏威夷豆、杏仁果这三种为主要选择，一天摄取10～15g即可。

另一个富含好油脂的食材则是牛油果，有很多人都以为牛油果是水果，但其实它在食物分类中是被归为脂肪类，每天摄取1/2颗有降胆固醇、控血糖、减肥、保护心血管等好处。反式脂肪则是要完全避免，包括乳玛琳等人造奶油、氢化植物油、植物性鲜奶油等。

另外，在减糖初期容易感到饥饿，除了注意油脂的摄取是否足够外，可以暂时提高蛋白质的摄取量，等食量稳定后再恢复个人所需的分量。摄取过多的蛋白质，对身体也是种负担。

根据卫生部门饮食指南，健康成人一天蛋白质需求量约为体重（公斤）×1g。举例来说，一个60kg的健康成人，一天所需的蛋白质约为60g，**体重60公斤×1g=60g。**

如果经常从事重量训练或运动量大的人，则建议每日摄取公式改为，**每公斤体重×1.5～2g蛋白质。**

补充每日所需水分

一般正常成年人，每日建议喝水量为2000ml，或是以"每公斤体重×30～40ml"的方式来摄取水分。减糖初期，会明显感到口干舌燥，这是正常的现象，因为减少了碳水化合物的摄取，体内水分会跟着排出。

曼蒂当时就是这样。原本超不爱喝水的我，都会忍不住找水喝，不过也因为这样，让我养成了多喝水的好习惯，现在每天都至少喝足2000ml的白开水，咖啡或茶虽然也是水分，但是也利尿，所以我不会纳入每日饮用水的分量。

建议可以买一个大水壶，每天都装满水，并将它放在你看得到的地方，时不时就喝上一小杯，一整天下来，就可以观察自己喝的水量到底够不够。

原则三
足够且质量良好的睡眠

　　人的身体有两个激素影响着我们的食欲，一个是"瘦素"，一个是"饥饿素"。"瘦素"顾名思义，是一种能够让人"变瘦"的激素，分泌时可降低食欲，减少能量摄取，促进能量消耗，帮助你瘦下来。"饥饿素"则是让人产生饿的感觉，所以，一旦饥饿素开始分泌后，就会将信号丢给大脑说："该进食了。"

　　曾有研究发现，睡眠不足的状态下，"瘦素"浓度会降低，"饥饿素"浓度则会增加，如此胃口就会提升，忍不住就摄取过多的热量。想想看，是不是在晚睡熬夜时，就会特别想吃夜宵？

　　建议大家每天都能睡足6～8个小时，睡得太短或过久都不好，从现在起，请改掉熬夜晚睡的不良习惯吧！

Q&A 减糖期的疑难杂症一次解答！

Q1.吃减糖餐多快可以看到效果？

以曼蒂自身为例，我采用的是"激瘦限糖餐（每盘＜20g糖量）"，每日控制糖量60g下的盘餐吃2～3餐，11天就降了2kg，体脂则是从32.5%，半年内降到22%～23%。

减重不等于减脂，相信很多女性朋友是属于BMI正常，但脂肪量偏高的族群，以曼蒂的例子来看，数据并不惊人。因为我的体重原先并没有过重，所以减脂才是我的目标，而不是光看体重降了多少。

减重的人都想要快速看到成效，每个人的体质及基本条件是不同的，只是选择每日糖量多少，就会有快慢效果的差异，所以真的不要去比较为什么别人可以瘦那么快，不然会让自己备感压力。

能否持续依照减糖的方式，一直执行下去才是重点。减糖饮食不只是为了减重，也为了健康，将饮食及良好的生活习惯，调整回正常轨道，身体一定会回报好的成效。

Q2.吃了减糖餐仍感到饥饿，嘴馋该怎么办？

进食的顺序，请依循先吃蛋白质→吃蔬菜→最后才吃淀粉。这样会比较有饱足感，也不会让血糖上升过快。用餐时记得要细嚼慢咽，将注意力专注在餐盘上，不要边吃边看手机或电视。

有时饥饿感并不是真的饿，而是我们身体已经长年习惯摄取高糖的状况，体内的饥饿素依照惯性分泌上升，通知大脑说需要吃东西了，于是让人感到饥饿。如果餐后容易感到饥饿，请先喝一杯水，让胃部有饱足感，通常饥饿感约持续20～30分钟，过了就好了。

打个很好懂的比方，有点像是小孩在吵着要糖吃，如果你受不了吵闹就给了糖，结果没多久小孩又来要糖，但如果你不理他，他会哭哭闹闹，但哭累了也就不会再吵你了。

如果过了30分钟后，饥饿感还是很强烈，那么就吃点75%以上的黑巧克力、坚果或是奶酪。分量要注意，因为这些热量也不低，或是到便利店买颗茶叶蛋，跟曼蒂一样自己动手做些低糖类的小点心，带着出门也是不错的选择。另外，检查一下，是否上一餐的油脂跟蛋白质的量摄取不足。

Q3.减糖餐都要称重吗？外出饮食如何把握分量？

建议一开始还是准备秤来称重食材，100g的青菜到底有多少，或者100g是多大一片鸡胸肉？相信多数人很难拿捏出具体的量。用秤的好处是，量完后，会发现以往不敢多吃的某样食材可以再多吃点，或是误以为能多吃的食材下次要多注意分量。

尤其是选择采用每日不超过60g糖量的减糖餐吃法，更建议要称重，才不会超过糖量的范围。等上手后对食材更认识，用到秤的机会也就不多了。

那么外出饮食该怎么减糖？出门带着秤，应该会被投以异样的眼光吧！如果外出用餐或出游，不要给自己太大压力，抓个大概的分量即可，精致淀粉的面饭类尽量避开。

以下是曼蒂自己外出时所用的测量方式，主要以减糖饮食方向为考虑，不跟其他饮食法作比较。

· 一餐的分量如何概略计算？

★青菜吃饱不计较

★肉类蛋白质约自己的手掌心大

★淀粉碳水不超过自己手掌心的1/2

Q4.外出聚餐时怎么减糖？

朋友约会聚餐时，可以先大方告诉对方自己正在吃减糖饮食，像是单纯只吃意大利面、披萨或汉堡等以碳水为主的餐厅，能否尽量避免，改选择像是吃自助、火锅店或烧烤店等，有大量蔬菜及蛋白质餐点可选择的餐厅，不但自己能吃得安心，也不会让对方吃得尴尬。

平常外出饮食也是依循大原则，避免高碳水的米饭、面类餐点，尽量挑选蔬菜及蛋白质的餐点；避掉勾芡，例如：酸辣汤、裹粉的鸡肉或带有浓稠酱汁的料理，例如：蜜汁排骨等。

Q5.什么是补碳日或是欺骗餐，我需要吗？

补碳日按照字面上来说，也就是补充碳水化合物的日子，简单地说就是，当我们严格执行每日的糖量一段时间后，找一天来提高碳水的量，让身体不要过于习惯固定的饮食模式，有助于身体的代谢。

至于到底需不需要补碳？补碳的正确心态是有意识地吃，而不是胡乱塞，如果是选择激瘦限糖餐每日不破60g的人，可以在两周后选择一天拉高碳水量，多吃点淀粉或喜欢的水果，隔天再恢复原本的减糖计划；选择佛系减糖餐的人，因为一天的糖量也有150g可运用，所以，基本上选择其中一餐，来替换想吃的优质淀粉或水果类就可以，不需要再额外补充碳水。

欺骗餐是指以"严格执行低热量饮食"，也就是每天减少卡路里摄取一段时间后，为了不让身体处于热量不足，而产生代谢下降的情况，建议选择一天，让自己吃超过自己的热量需求，吃的内容大多是高热量食物，将低热量饮食的循环打乱，好提升身体代谢。

但吃减糖餐并不是等于减少卡路里的摄取，而是依照自己的营养素比例，调整摄取内容。所以，欺骗餐到底需不需要？欺骗餐的存在，应该是以安慰自己为主要考量，不应该是自己暴饮暴食的借口。大餐之前别忘了先规划，才不会破坏掉辛苦减肥的成果，或许称作给自己安排一顿"轻松餐"，只选一种你最想吃的食物并且只吃一顿，隔天就回归减糖计划，这样会比较适当。

Q6.不小心吃过多，爆糖了会怎么样?

答案是不会怎么样。或许，隔天会发现体重数字上升，但此时先不用紧张，要增加一公斤的脂肪必须吃到7700kcal，应该不太可能会在一天暴吃到这么多。

大部分的重量改变，是当摄入过多的碳水量后，所夹带的水分滞留，只有一天的差异，不代表你在短时间内就增加了脂肪。隔天开始恢复减糖的计划，两三天就能降回爆糖前的体重。

不过，还是要提醒大家，爆糖后的心态必须调整，千万不要自暴自弃，觉得反正已经爆了，那就继续爆下去。减糖应该是可持续的并且变成生活习惯的一种饮食方式，不该因为一次爆糖，就忽视减糖饮食对健康带来的好处；所以，一次的爆糖不用担心，尽快让自己调整回来，继续享受减糖带来的好处。

Q7.吃减糖餐要搭配运动吗?

A：开始吃减糖初期，我没有运动，因为当时只想单纯靠减糖饮食来降体脂。但在三个月后，我加入了肌力训练，以前并没有运动习惯，所以一开始在家是照着手机的运动APP跟着做，后来一周会排三天去运动中心健身。在家有空也至少会做30分钟的徒手训练，短短的一个多月，就看到身形上的变化。测量InBody的数据对比下，竟同时做到了增肌减脂。

减脂期单靠饮食控制是可以看出效果的，所以做不做运动都可以。但现在回过头来看，我会建议没有运动习惯的朋友，一开始就搭配一些简单的运动，因为运动的目标不是减脂，而是能帮助你在减脂期留住肌肉，能健康地减脂下去，所以鼓励大家可以试着每天运动一下，即便只有20～30分钟，先让自己习惯运动这件事，就是在提升自己的健康。

若是你跟曼蒂一样，BMI值正常，体重并没有过重但体脂偏高，建议做些肌力训练，让自身的肌肉量增加，在减脂期尽量留住肌肉量；如果你的体重原本就过重，BMI值偏高，建议可再多做些有氧运动，并且每次至少能持续30分钟以上。

有氧运动主要是增加热量的消耗，并不是做有氧运动就能直接消除脂肪。在减重的过程中，体重跟体脂的数字并不会以规律递减的方式下降，可能会在一段时间后遇到减重的平台期，适时增加运动强度以及加入有氧运动，也能刺激身体提高代谢，对减脂有很大的帮助。

Q8.恢复正常饮食后会复胖吗？

A：如果一开始减糖只是为了减重，一旦体重下降后，又恢复吃高碳水、高热量，营养素却不高的精致饮食，那么复胖是必然的。如果想改善的是长久的健康及体态，那么应该把减糖概念融入生活中，就会懂得如何挑选对自己有益的食物，身体自然也就不会反扑。

减重成功后更重要的是"维持"，例如采取每日不超过60g的糖量下，已成功地降下体脂与体重，之后就可采用每日110～150g的糖量来做维持期，接下来该注意的是体脂部分，而不是单看体重的变化。

当然不可否认的是，再提高碳水的摄取，体重会上升2kg左右，但那算是正常范围，因为增加的重量里，有很大比重是水分的重量。懂得正确减糖，懂得聪明择食，就不会有"恢复"正常饮食复胖的问题。

Part 3.
减糖饮食轻松上手

减糖不减钱包，聪明采买、挑选食材，
料理起来更加顺手快速，不论是家庭主妇还是忙碌上班族，
减糖餐也可以吃得很享受、充满变化。

减糖料理备餐秘诀

了解减糖带来的好处后，如果能自己动手做，更能掌握食材内容，本书即是分享了曼蒂平时料理减糖餐以及减糖烘焙的经验，希望让想开始减糖的新手们，都能快速上手。

接下来，将说明平时曼蒂是如何准备自己的减糖餐，完善的备餐计划，可以节省更多料理的时间。

工作日采买食材建议

食材采买的地方，曼蒂会选择传统市场及大卖场，例如：物美、家乐福、好市多等地点，分别购买；蔬菜会尽量以传统市场为主，主要是价格上还是较一般卖场便宜，样式也较多元化。

　　海鲜则会寻找摆有碎冰的摊位，在保持温度的摊商或卖场购买；而肉品则以卖场为主，是因为肉品已分切完成，而且都在冷藏柜下长时间保鲜，并有标明重量，烹调计量时也非常方便。

　　曼蒂几乎是天天开火煮2～3餐，但家中冰箱储存空间有限，所以，不会一次采买太多，大约2天补充一次蔬菜；肉品的部分，我会一次性购买很多，再分装冷冻使用，所以4～5天再补充即可。

　　如果是上班族的朋友，想要自己料理减糖餐，大多会以料理晚餐及准备隔日的午餐便当为主，加上没有太多时间采买，建议可事先规划一周菜单，周末再做一次性采买及分装作业。

肉品选择与保存

　　减糖料理的蛋白质选择，曼蒂主要以鸡肉、猪肉及黄豆制品为主，牛肉及海鲜次之。因为鸡肉与猪肉的价格，相对牛肉及海鲜而言便宜许多。当然，大家也可以依自己的口味喜好采买。

　　鸡肉的部分以去骨鸡腿肉、鸡胸肉两者居多；猪肉则以肉馅与肉片为主。使用肉馅可做的料理很多元化，而肉片则是方便料理又快熟，也可省去自己片肉的时间。

　　上班族在料理时间上比较有压力，海鲜的部分建议选择不需花费太多工夫处理的种类，例如：已片好的鲷鱼片、盐渍鲭鱼、三文鱼、水煮金枪鱼罐、冷冻虾仁、煮熟的鱿鱼等，可省去许多处理时间。

　　保存方面，一般卖场的肉品大多以250克或300克的重量为包装，如果一次买比较多的情况下，回到家后一定要先做好分装，将肉馅或是肉片利用保鲜膜、密封袋等分成每次要用的分量。

　　肉馅如果买得比较多，在分装后，记得拍扁（见图12）置放于冷冻库内，另外也可先用筷子压出小分用量的凹痕，这样就方便直接从凹痕的地方折断，不需整份退冰，导致肉质变异。

图12

图13

蔬菜类的选择与保存

购买蔬菜时，建议都以深色绿叶菜为主，如果是市场买的散装蔬菜，回家后先用报纸包起来再套上塑料袋，可存放比较长的时间。另外，卷心菜比较耐放，用保鲜膜包好，放冷藏即可；西蓝花则可事先做洗净、切块处理，再冷冻保存。

料理蔬菜时，搭配一些彩色系列的瓜果蔬菜，视觉上会更丰富。像是黄红甜椒、洋葱、胡萝卜等，相对这些瓜果蔬菜类，碳水也较高，简单搭配使用即可。

工作日采买示范

上传统市场采买时，我习惯先在不同摊位比较一下价格及蔬菜新鲜度，很多菜贩都会自行分类定价，如3样50元①的方式销售青菜，购买下来会比卖场便宜许多。例如，以地瓜叶相同的分量来比较，就会相差约10～12元，乍看之下或许不多，但以曼蒂家的伙食量来估算，一天煮两餐的青菜，一个月光一款叶菜钱，就会省下600元左右喔！

鸡蛋是有着优质蛋白质的食材之一，但因发生太多次毒鸡蛋事件，所以，买好蛋的钱不能省，记得选购有追溯履历的冷藏蛋，价格约落在80～95元。

———————————————

① 注：书中涉及的货币均为台币。

图14

如图13中食材所示，费用约为600元（蔬菜价格以平均售价计算，如遇天气状况则会有波动）。如规划成一周个人减糖餐，可以煮11餐左右（见图14）（每盘蛋白质分量约落在100～120g，蔬菜类分量约100g）。

	Mon.	Tue.	Wed.	Thu.	Fri.	Sat.
午餐主菜	咖喱翅小腿2只	蒸鳕鱼金针菇	红椒镶肉	什锦蔬菜肉饼	双味翅小腿2只	奶油蛋卷佐时蔬
午餐配菜	①洋葱炒蛋②蒜炒小白菜	龙须菜炒蛋	①鹅油小白菜②蛋炒秋葵	①凉拌什锦菇②蒜炒地瓜叶	①红烧豆腐②花椰菜炒蟹味菇	蒜炒秋葵
晚餐主菜	汉堡豆腐排	意式香草翅小腿2只	汉堡豆腐排	椒盐鳕鱼	蛋炒什锦豆腐饭	
晚餐配菜	①花椰菜炒口菇②蒜炒小白菜	①胡萝卜炒蛋②花椰菜炒口菇	①花椰菜炒玉米笋②鹅油龙须菜	①凉拌什锦菇②龙须菜炒玉米笋		

如需加入淀粉，请以五谷饭、糙米饭、藜麦做搭配，依照设定的糖量每餐加入40～100g不等。备好餐就可以快速料理，也可以用这样的方式备好一周的减糖便当。

调味料的选择

自己动手做减糖料理时，调味部分建议使用调味粉或香草类，或是自己调的酱料。市售的酱料如烤肉酱、番茄酱、寿喜烧酱、味淋等，大多含有蔗糖，也就是隐性的糖分及额外的添加物，不建议购买。

将以往常用的酱料做个替换，料理一样可以很美味。例如，味淋的部分可用米酒加天然甜味剂（赤藻糖醇或罗汉果糖）做替代；番茄酱可用低碳水的番茄罐头自己熬煮；蜜汁口味则用无糖酱油加天然甜味剂取代。

图15

其他还有各式干燥香草或调味粉，给料理增添香气使用都很适合，如迷迭香、百里香、香芹末、孜然粉、肉桂粉、红椒粉、韩式辣椒粉、姜黄粉、五香粉、意式综合香草等（见图15）。

如果一开始还改不掉以往使用酱料的习惯，那么可以养成先看产品营养标示的习惯，采买时尽量挑选无添加物，每100g碳水量为5～10g的酱料，例如，无添加的沙茶酱或有机豆瓣酱，适量地使用即可。

另外，分清楚每份碳水量是多少？产品总共有几份？每100g的碳水是多少？这样才能避免摄入过多的隐性糖分。如图16所示，这罐番茄酱的碳水量，每100g是3g，但是一整份的重量包含了四份，所以如果使用完一整罐，碳水值则是12g。

图16

常备食材处理
与厨房料理小贴士

让肉品食材更好吃的小秘诀

| 鸡胸肉 |

鸡胸肉使用盐水浸泡，是运用"渗透压"原理，让盐分能深入肉中，让肉质更软嫩。盐水渍方式大约用500ml的开水，搭配一大匙盐，再放入鸡胸肉浸泡，隔日再料理。如果手边有干燥香料，如月桂叶、胡椒粒、意式香草等，也可一同放入，增添不同风味（见图17）。

图17

如果觉得泡盐水比较麻烦，可采用另一种干式盐渍法，也就是使用食盐直接涂抹于肉片上。但要注意食盐的比例，建议的比例是100g的鸡胸肉加1g的食盐，两面都抹上食盐后，放置冰箱密封冷藏一夜，隔日取出恢复室温后，不冲洗肉片直接入锅煎。

| 猪肉馅 |

一般烹饪时，会用加入土豆淀粉的方式改变肉质，但减糖时不建议使用。可以直接在调味前，先加入一些水做拌打的动作，再静置一下，肉质纤维吸收水分后会比较软嫩，料理后也不会干涩。如需制作汉堡排或肉丸等料理，则要充分将肉馅做甩打的动作，口感也会较软嫩。

若事前规划好菜色，将肉片或较大的肉块前一晚放入腌料腌渍，会更入味。（图18为腌制蜜汁叉烧梅花肉）

图18

常用香辛料的保存

做菜总是要搭配些香辛料，风味才会好，但是每次用量都不多，又容易腐坏，所以提前处理好，再冷冻保存，使用时直接以冷冻的情况入锅，料理时就可以省去这些备料的琐碎时间。

如洋葱切丝、姜切片、蒜头分瓣去膜、青葱切末，常用来配色的胡萝卜，可依料理习惯切丝或切片，使用可冷冻的保鲜盒或保鲜袋做冷冻保存。

用对方法，做菜不慌乱

动手料理前，先在脑海中将顺序想一下，以及做好事前准备，就可以快速上菜。

如有需要退冰的食材，记得前一晚先从冷冻室拿到冷藏区退冰，才能保持食材的鲜度。千万不要当天才拿出来室温退冰，或是想用泡水的方式快速解冻，如此不只容易破坏食材的风味，还容易滋生细菌，而且退冰不完全的状况下直接料理，也会导致出水过多。

依照当天的菜色，先想好烹煮的顺序再开始动手。例如，当天的配菜都是用炒锅，那么就从味道淡的先煮，再煮味道重的，则可省去洗锅的时间，达到一锅到底。

大部分厨房以两口灶居多，善用厨房不同的工具一起料理，可以省下等待的时间。例如：鸡腿排用烤箱烤；蒸鱼用电饭锅蒸；青菜可在灶上快炒，或用微波炉加热。

材料的前置作业先做，烹调时就不会手忙脚乱。例如，食谱中有好几种调味料，可以先用小碗拌好再一次性添加；需要腌渍入味的食材，大约都要15～20分钟，一开始就先处理或前一晚先腌渍；食材尽量切薄、切小，能省下快炒时间；较慢熟的青菜或肉块，先汆烫后，就可加速炒熟的时间。

Part 4.
减糖料理自己做，
糖量好掌握

激瘦限糖餐（每盘＜20g 糖量）：健康营养刚刚好

无压少糖餐（每盘＜36g 糖量）：想再多吃一点点

佛系减糖餐（每盘＜50g 糖量）：分量满满很饱足

减糖一盘餐

曼蒂开始减糖时，是采用每日60g以下的糖量来进行，并且吃了快三个月的时间。前两周都有正常吃三餐，不到两周的时间，身体排水后体重降了2kg；后来早餐的部分，如果觉得不会饿就会省略，顶多喝一杯黑咖啡搭配水煮蛋加生菜，减糖餐的摄取重点就放在午、晚餐。

为了让自己清楚吃进哪些食物及分量，我采取的是个人盘餐的方式，而本书分享的食谱皆以圆盘来做示范。

减糖盘餐配置方式：先决定主菜吃什么，再选配菜

以往大部分人都是以一边夹菜一边吃的方式用餐，往往会不知道自己真正吃下的量是多少，造成可能青菜少吃，或是蛋白质摄取过多而不自知。长期下来，就算是已经开始料理减糖餐，也可能有碳水摄取过多或热量太多的情况。

用圆盘来盛装个人的减糖餐，主要目的就是要减少用餐时碳水及热量摄取过量的问题。

减糖盘餐因为减少了淀粉量，也就是一般传统主食，如米饭、面条的摄取，所以在计算糖量的配置上，是以蛋白质及蔬菜类为优先考虑，最后再根据剩余的碳水量，适量地加入五谷饭、糙米或地瓜等优质淀粉。

| 主菜区 |

主要以鸡、猪、牛、羊等肉类，鱼、虾等海鲜及蛋类为主的动物性蛋白质；或选用如豆腐、生豆皮等，黄豆食材为主的植物性蛋白质。每人每日蛋白质需求皆不

同，本书每道盘餐设计，肉量约为100～150g不等。

| 配菜区 |

为了能多摄取不同的食材，配菜区的部分可依照主菜的内容，搭配一到两种配菜。根据卫生部门饮食指南，蔬菜类每日最低摄取量为300g生重的蔬菜，建议先以叶菜类、花菜类蔬菜为主要搭配。例如，一般常见的苋菜、青江菜、菠菜、空心菜、小白菜、地瓜叶、花椰菜、西蓝花，结球类的球子甘蓝、卷心菜也很适合。

瓜类的蔬菜，则推荐西葫芦、小黄瓜、甜椒；菌菇类的膳食纤维，有帮助整肠的效果，并且能提升免疫力，建议多摄取。如果觉得用餐后饱足感不够，以追加叶菜类的分量为主。

依照盘餐料理内容的不同，个人餐盘的尺寸，建议准备8英寸及10英寸两种尺寸，且平盘及深盘各一，作为盛装的搭配使用。

8英寸的平盘

适合摆放20g以下糖量餐点。因为淀粉的部分较少，使用较小的盘子盛装，视觉上会感觉分量丰富。（见图19，8英寸平盘放置参考）

图19

10英寸的深盘

适合摆放含有五谷饭或糙米饭等淀粉量较多，或是含有汤汁的餐点。（见图20，10英寸深盘放置参考）

本书依照个人饮食及生活型态的不同，设计了三款不同糖量的盘餐，分别为：

图20

激瘦限糖餐（每盘<20g糖量）：健康营养刚刚好

无压少糖餐（每盘<36g糖量）：想再多吃一点点

佛系减糖餐（每盘<50g糖量）：分量满满很饱足

三种方案一共有60盘的组合，每盘的餐点分量都是如实地呈现，方便大家参考运用，上手后就能依自己的喜好，搭配出想要吃的糖量。

举例来说，设定吃每日60g以下激瘦限糖餐的朋友，可以单纯从（每盘<20g）糖量的盘餐里选三盘来吃，也可以是两盘激瘦限糖餐（每盘<20g糖量）＋一盘无压少糖餐（每盘<36g糖量）的搭配方式，只要总糖量计算下来不超过60g即可（见图21）。

每日60g以下糖量盘餐示范

酱烧肉片低糖吐司
活力早餐

净碳水5.75g
热量523卡

＋

糖醋排骨姜黄花椰菜饭

净碳水28.12g
热量672卡

＋

奶油鲜虾时蔬魔芋面

净碳水4.95g
热量325卡

＝

总糖量
38.82g

图21

书中食谱大多是以1人份食材做计算与料理，不过每道都很适合作为家常菜与家人共享。当个人餐计量部分已经有概念后，就可以一次性地煮好全家人的分量，与家人共享美味的减糖好食光。

减糖盘餐
淀粉搭配与计算

本书的淀粉以糙米饭、五谷饭及藜麦作为主要搭配，碳水量的高低也是因为这两样主食的加入而提高（见图22）。

图22

虽说有三种不同糖量方案做减糖选择，但希望至少前两周的减糖时间，不要每餐都加入淀粉，喜欢吃米饭的朋友，建议将有主食的盘餐放在中午这餐来吃，晚上分量再减少一些，才能比较快看到减重效果（见图23）。

图23

　　书中搭配的糖米饭比例为1∶1.5，一杯糙米加入1.5杯的水，糙米洗净后浸泡一夜，隔日使用电子锅糙米模式烹煮。

　　以此比例，一杯生糙米的重量约有130g重，估计可煮出260g的熟米，而100g的生糙米碳水量为77g（以义美糙米营养成分计算），所以如果预计吃100g熟糙米饭，扣除纤维后的净碳水量约为36.7g，煮的水量会影响熟重，不要用包装袋的生米重量来抓碳水量，可以吃的分量其实比你想象的还要多喔！

熟糙米碳水换算方式：

77g碳水/100g生糙米重=0.77

一杯米130g×0.77=100.1g

100.1g碳水/260g熟糙米饭=0.385

100g熟糙米饭×0.385=38.5g碳水

38.5g碳水－1.8g膳食纤维=36.7g净碳水

图24

注意

　　五谷米及藜麦比例也是1∶1.5，五谷米以桂格免浸泡五谷米营养成分表计算，100g熟饭净碳水量约为31.5g碳水。藜麦以Kirkland Signature科克兰营养成分表计算，100g熟藜麦净碳水量约28g。藜麦颗粒小，淘洗的时候使用滤网，直接于水龙头下冲洗，较为便利。

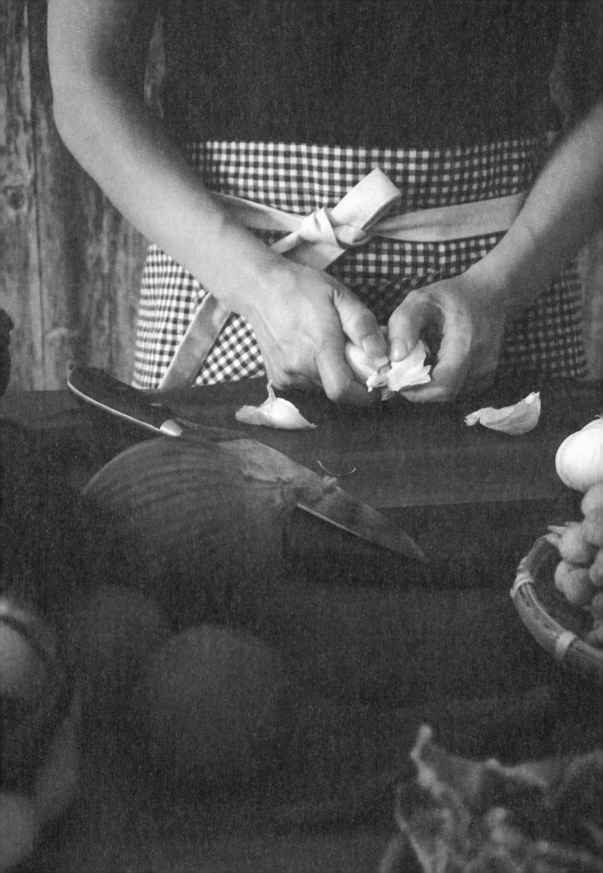

每40g为5.6g的净碳水化合物／热量45kcal

注意

　　如果想吃较扎实的口感，则取消无糖杏仁奶的部分即可。

　　此配方的糖醇约8%，甜味偏淡，添加无盐奶油是为了增添香气及湿润度，如喜好甜度高者，可将糖醇量增加到芋头12%～15%的量。

芋头泥

除了前面提过的三种淀粉外，还可以用根茎类或是豆类来做搭配，例如：地瓜、芋头、南瓜、鹰嘴豆等，都是不错的选择。

食材

芋头…600g（去皮重量）

赤藻糖醇…50g

无盐奶油…50g

无糖杏仁奶…60g

（杏仁奶分量可以依照芋头泥的干湿程度自行增减）

做法　见图25。

1　芋头削皮到能看到有紫色纹路，较容易蒸透（建议戴着手套，能避免皮肤接触到芋头皮发痒）。

2　切成小丁放入容器中，以中大火蒸约25分钟，至筷子能轻松插入的状态。

3　趁热加入奶油及赤藻糖醇，放进搅拌机用低速拌到成泥，或用捣泥器、叉子，手工按压成泥状，再分次添加杏仁奶至喜爱的软硬度。注意勿拌过久影响口感。

图25

花椰菜饭

　　喜欢吃白米饭的朋友，如果对于减少摄取白米饭感到困难，可试着用花椰菜米替代，花椰菜米是很棒的淀粉替代食材。一开始，可用花椰菜米与白饭混搭，增加饭量的感觉，碳水量就可以降低；习惯后，再将米饭全部替换成花椰菜饭。

图26

材料　见图26。

白花椰…1棵
柠檬汁…适量

做法

1　花椰菜整朵先以流水冲洗掉表面脏污，之后整棵浸泡在水中，以小流水洗去农药残留。约5分钟之后再取出沥干水分，并切块。

2　将花苞处与梗先分切，以调理机分别打碎呈米粒状，用间歇性不连续的打法打几下即可，打太细会变成泥状导致口感不佳；没有调理机，也可使用菜刀细切或用刨丝器搓出碎粒状。

3　打好的花椰米，拌上柠檬汁推迟氧化、变黑，放进密封盒保存，冷藏约3～5天，冷冻可放1个月。一次大量做好，分装好每次食用的分量再冷冻，取用时不退冰，直接入锅翻炒即可。

一大匙（约20g）的净碳水化合物为0.57g／热量98kcal

保存时间：冷藏1周

百搭青酱

　　曼蒂家中的冰箱里，随时都准备着自制的减糖红酱及青酱，不想花脑筋想新菜色，就把酱汁拿出来使用，搭配肉类或青菜都非常方便。传统青酱以罗勒叶为主，坚果的部分主要是增加香气，而松子价格较高，可以用杏仁果或花生替代。

建议吃法

1 可当抹酱，抹于低糖吐司或披萨上。

2 可用于翻炒青菜或各式肉类与海鲜。

3 可做青酱花椰菜饭或青酱魔芋意大利面等，有多样的口味变化。

食材　见图27。

橄榄油…100g
罗勒叶…80g
杏仁果…30g
大蒜去膜…1瓣
奶酪粉…20g
黑胡椒…适量
食盐…适量

图27

做法

1 罗勒叶洗净取叶片，杏仁果先干炒，除黑胡椒及食盐外，其余食材放入料理机内，打到滑顺。

2 先试口味，再适量加入调味料，调出喜爱的咸度，倒出装到保存容器后，再倒点分量外的橄榄油于表层，可减缓青酱表面氧化的速度。

051

一大匙（约20g）的净碳水化合物为0.65g／热量25kcal

保存时间：冷藏约3～4天，冷冻一个月

常备肉酱

　　意式肉酱是家里冰箱一定要有的万用酱，建议一次分量可以做多一些，分装后冷冻保存，不论是拿来拌饭或是焗烤都很适合。曼蒂妈最喜欢将肉酱铺在低糖吐司上，然后撒上披萨奶酪送到烤箱烤到奶酪融化，当早餐吃真的很满足。

（建议吃法）

1　可拌饭、拌面。

2　可做低糖烘焙品底酱，例如意式奶酪咸派。

3　可做肉酱花椰菜饭或肉酱奶酪花椰菜泥等。

（食材）

图28

猪肉馅…300g	苹果醋…2大匙
洋葱…1/2棵切末	胡萝卜…50g切丝或切丁
蒜头…2瓣切末	月桂叶…2片
剥皮切丁番茄罐头…1罐	意式综合香草…1大匙
奶酪粉…2大匙	橄榄油…1大匙

（调味料）

黑胡椒…适量
食盐…适量

> **注意**
>
> 　　挑选番茄罐头时请注意碳水量，超市的番茄罐头碳水量差很多，挑选整颗剥皮番茄罐头的味道较温和，碳水量也低很多，适合拿来做基础红酱（见图28）。

（做法）　见图29。

1　起油锅，将洋葱炒软，放入蒜头炒出香气，再加入肉馅翻炒到熟。

2　倒入番茄罐头及苹果醋翻炒，再倒入半碗开水及香草熬煮10分钟，最后撒上奶酪粉及调味料，即完成。

   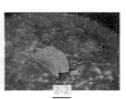

图29

图30

自制风味油

　　吃早餐的时候，生菜是最常出现的食材，不用市售的色拉酱，淋上自己泡制的风味油就很好吃。放室温凉爽处保存，如有加入番茄干则改冷藏保存，较不易变质。

食材

油渍番茄…约150g

月桂叶…2片

百里香…1小匙（可替换自己喜爱的干燥香草）

蒜头…3～4瓣，保留内膜不剥除

干辣椒…1根

黑胡椒…适量

牛油果油或橄榄油…约150g或以盖过食材为准

做法

将食材放入已消毒的密封罐里，倒进足够的油淹过所有食材，浸泡约4天以上，让整个香气融合就可取用。

注意

　　罐子内的红色食材为风干番茄，将小番茄对半切，用干果机或烤箱烘干后，直接放入油里浸泡，就是好吃的油渍番茄了。搭配沙拉风味绝佳（见图30）。

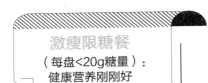

净碳水化合物	蛋白质	脂肪	膳食纤维	热量
9.28g	**26.33**g	**49.27**g	**1.6**g	**589**kcal

01 欧风匈牙利猪肋排

配菜：蒜炒玉米笋水莲 + 烤南瓜

匈牙利猪肋排

材料

猪肋排…150g

腌料

意式香料…1小匙
大蒜粉…1小匙
红椒粉…1小匙
米酒…1大匙
食盐…1/4茶匙
橄榄油…1小匙

做法

1 猪肋排洗净擦干水分，加入腌料拌匀，放冰箱冷藏至隔日使用。（当天料理建议至少腌制30分钟以上）

2 隔日取出，热油锅，将猪肋排表面煎到上色后取出。

3 烤箱预热200℃，将猪肋排放入烤盘，置于烤箱中层烤约25分钟，即完成。（中途可取出翻面，让肋排熟度更均匀，见图31）

注意

1.加入腌料前，先用叉子在肋排上插几个小洞，可帮助腌料更入味。

2.各家厂牌烤箱火力大小不尽相同，请依照自家烤箱火力调整烘烤时间。

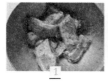  

图31

蒜炒玉米笋水莲

材料

玉米笋…20g
水莲…60g
蒜头…1瓣
橄榄油…1小匙

做法

1 蒜头切片、水莲切段呈适当长度；玉米笋对半切，备用。

2 加入橄榄油、下蒜片，翻炒出香气后加入水莲及玉米笋，快速翻炒再加入调味料调味，即完成。

调味料

食盐…适量
白胡椒粉…适量

烤南瓜

材料

南瓜…80g

调味料

橄榄油…1小匙
黑胡椒…适量
食盐…适量
肉桂粉…1/4匙

做法

1 南瓜削皮后，切成适当大小，加入调味料拌匀，平铺于烤盘上。

2 烤箱预热200℃，将南瓜烤约8～10分钟即可。

净碳水化合物	蛋白质	脂肪	膳食纤维	热量
13.4g	**31.09**g	**35.39**g	**6.5**g	**515**kcal

02 日式秋葵猪肉卷

配菜：牛油果 + 蒜炒时蔬 + 糙米饭

秋葵猪肉卷

材料

猪里脊肉片⋯100g
秋葵⋯50g
橄榄油⋯2小匙

腌料

酱油⋯1小匙
米酒⋯1小匙
赤藻糖醇⋯1小匙（可省略）
白胡椒粉⋯适量

糙米饭

餐盘食用重量：40g　（做法请参考p.44。）

牛油果

餐盘食用重量：50g
牛油果切薄片，挤上一些柠檬汁防止氧化变色。

做法

1　秋葵先以少许食盐搓除外部茸毛。洗净后削去较粗的根部，热水余烫30秒后捞起，放入冷开水浸泡，冷却后沥干，备用。

2　里脊肉加入腌料腌制15分钟，每片肉片包进一根秋葵。

3　热锅加入橄榄油，将肉卷接缝处朝下，摆入锅中，待底部固定后再滚动肉卷，使之均匀受热，待肉卷上色熟透，即完成。

蒜炒甜椒西蓝花

(材料)

西蓝花…30g
甜椒…30g
蒜头…1瓣
橄榄油…1小匙

(调味料)

食盐…适量

(做法)

1 平底锅加热，加入橄榄油及所有
  食材稍微翻炒。

2 加入1大匙开水，盖上锅盖转中小
  火，约2～3分钟后开盖，再放入
  适量食盐即完成。

净碳水化合物	蛋白质	脂肪	膳食纤维	热量
5.73g	29.56g	32.69g	4.5g	482kcal

(03) 酱烧梅花猪肉片

配菜: 煎蛋 + 生菜 + 黑芝麻黄豆吐司

酱烧梅花猪肉片

材料　　　　**腌料**

梅花肉…100g　　酱油…1小匙
橄榄油…1小匙　　米酒…1小匙
白芝麻…适量　　五香粉…适量

做法

1　梅花肉加入腌料，腌制约15～20分钟，
　也可于前一晚腌制好。

2　热油锅，放入腌好的梅花肉，翻炒至熟，
　盛盘后撒上白芝麻，即完成。

煎蛋

材料　　　　**做法**

鸡蛋…1颗　　　热锅加入橄榄油，打入鸡蛋，待底部煎熟后，加
橄榄油…1/2小匙　入1小匙开水在锅边，加盖焖约30秒即可。

黑芝麻黄豆吐司

一片（吐司做法请参考p.186）

小番茄

餐盘食用重量： 40g

莴苣

餐盘食用重量： 40g

净碳水化合物	蛋白质	脂肪	膳食纤维	热量
14.2g	**39.2**g	**32.54**g	**4.5**g	**526**kcal

④ 小花猪肉蔬菜卷

配菜: 凉拌黄瓜 + 微波时蔬 + 糙米饭

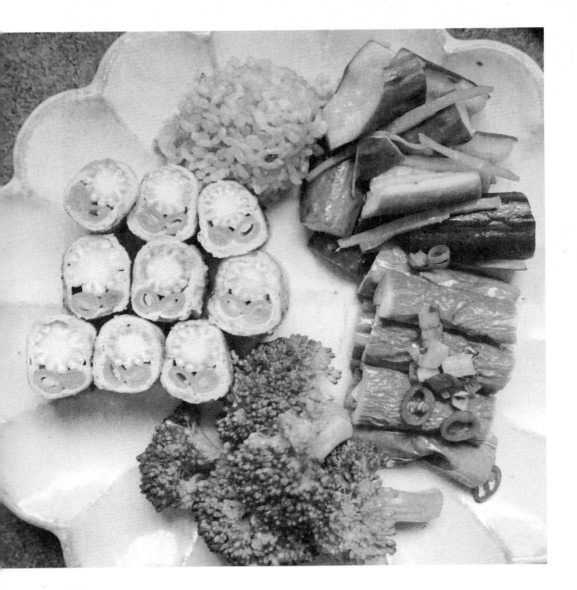

小花猪肉蔬菜卷

材料

猪里脊肉片…130g
玉米笋…3根
四季豆…30g
橄榄油…2小匙

调味料

黑胡椒…适量
食盐…适量

做法

1 四季豆及玉米笋汆烫后冷却，备用。

2 将2～3片肉片叠放，先放上2根四季豆，再摆上玉米笋慢慢卷起。

3 热锅加入橄榄油，将肉卷依接缝处朝下放入锅中；待底部固定后再滚动肉卷，使之受热均匀，撒上调味料，待肉卷上色熟透，即完成。

4 将肉卷切成适量大小，断面即成小花图案。

糖米饭

餐盘食用重量：30g

（做法请参考p.44）

图32

凉拌黄瓜

餐盘食用重量：小黄瓜50g

材料

小黄瓜…1条（约100g）
胡萝卜丝…适量
蒜头…1瓣

调味料

食盐…1/4匙
苹果醋…1小匙（喜酸者可加量）
香油…适量

做法

小黄瓜洗净，用刀背拍扁切断，与萝卜丝一起加入食盐拌匀，静置2分钟后倒掉水分，再拌入蒜头及所有调味料，即完成。

注意

微波时蔬快速又保色，熟度请依照自家火力大小调整，家中无微波炉者，请改汆烫方式，约烫1分半～2分钟。

微波时蔬

材料

茄子…50g
西蓝花…50g
亚麻籽油…1小匙
（可替换成橄榄油或牛油果油）

调味料

食盐…适量
蒜粉…适量
黑胡椒…适量

做法

1 将茄子与西蓝花放入可微波的容器中，记得加上盖，可保留蔬菜色泽翠绿。

2 微波加热约2分钟，取出后淋上亚麻籽油及调味料拌匀，即完成。

净碳水化合物	蛋白质	脂肪	膳食纤维	热量
11.03g	11.93g	29.09g	10g	374kcal

05 意式肉酱牛油果盅

配菜：生菜沙拉

意式肉酱牛油果盅

材料

牛油果…120g
常备肉酱…100g（做法请参考p.53）

做法

牛油果对半切后去籽，用汤匙挖出一些果肉；意式肉酱加热后拌入刚挖下的果肉，再一起放入牛油果内即可。

生菜沙拉

材料

余烫玉米笋…4根
樱桃萝卜…1根切片
莴苣…30g
水煮蛋…半颗

调味料

亚麻籽油…1小匙
食盐…适量
黑胡椒…适量

做法

1 将所有生菜沙拉材料备好盛盘。

2 水煮蛋对切，淋上亚麻籽油并撒上食盐、黑胡椒调味即可。

净碳水化合物	蛋白质	脂肪	膳食纤维	热量
9.22g	**29.52**g	**46.97**g	**6.6**g	**625**kcal

06 日式家庭汉堡排

配菜：生菜坚果沙拉 + 牛油果鸡蛋吐司

汉堡排

材料

猪肉馅…80g

调味料

红椒粉…适量
食盐…适量
黑胡椒…适量
蒜粉…适量
橄榄油…1小匙

做法

1. 肉馅加入1小匙水，拌到水分吸收后，再加入所有调味料，搅拌至肉馅产生黏性，捏成丸状并拍出空气。

2. 热锅加入橄榄油，放入锅中，待底部定型后再翻面，用锅铲将肉丸压成扁平状，继续煎至肉排全熟即可。

生菜坚果沙拉

材料

莴苣…30g
坚果…15g

调味料

橄榄油…1小匙
食盐…适量
黑胡椒…适量

做法

将所有生菜沙拉材料备好盛盘，淋上橄榄油，撒上食盐、黑胡椒调味即可。

牛油果鸡蛋吐司

（ 材料 ）

低糖黑芝麻黄豆吐司1片（做法请参考p.186）
奶油奶酪…10g
牛油果…40g
半熟蛋…1颗

（ 做法 ）

先将吐司抹上奶油奶酪，再依序放
上牛油果与半熟蛋，即完成。

净碳水化合物	蛋白质	脂肪	膳食纤维	热量
9.19g	24.71g	21.74g	1.5g	338kcal

⑦ 韩式泡菜猪肉魔芋面

食材

韩式泡菜…100g   蒜头…1瓣切末

梅花猪肉片…120g   青葱…适量

魔芋丝…200g   白芝麻…适量

洋葱丝…20g   橄榄油…1小匙

做法

1 魔芋丝先过热水后捞起，加入少许食盐拌匀，备用。

2 热油锅，将洋葱炒软后，放入蒜末及猪肉片翻炒到熟，再加入韩式
  泡菜及魔芋丝翻炒。

3 起锅前，加入青葱与白芝麻，即完成。

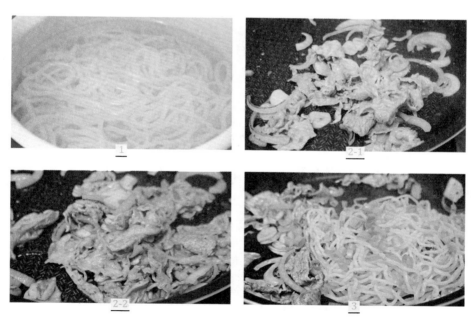

图33

净碳水化合物	蛋白质	脂肪	膳食纤维	热量
7.87g	37.12g	29.61g	5.9g	465kcal

08 苦瓜镶肉

配菜：咖喱花椰蛋炒饭 + 香菇炒毛豆

苦瓜镶肉

材料
苦瓜…60g
猪肉馅…130g
青葱…适量

调味料
香油…适量
酱油…1/2匙
白胡椒粉…适量
米酒…1/2匙

做法

1 苦瓜切段，挖除中间瓜肉成苦瓜盅，备用。

2 猪肉馅加入青葱及所有调味料拌匀，再将肉馅摔出筋性。

3 将完成的肉馅镶入苦瓜盅里，放进锅中蒸约20分钟，即可取出盛盘；或用大火蒸约15分钟即可。

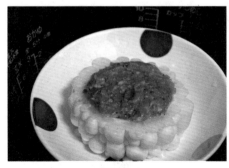

图34

咖喱花椰蛋炒饭

材料
花椰菜饭…150g
（做法请参考p.49）
鸡蛋…1颗
蒜头…1瓣
橄榄油…1小匙

调味料
姜黄粉…1/4小匙
咖喱粉…1小匙
食盐…适量

做法

蒜头切末入油锅炒香，蛋打散入热锅中翻炒，加入花椰菜米快速翻炒，最后加入调味料即完成。

香菇炒毛豆

材料
香菇…70g
蒜瓣…1瓣
冷冻毛豆…20g

调味料
食盐…适量
白胡椒…适量

做法

1 香菇切块，蒜瓣切片备用。

2 热锅加入蒜片及香菇翻炒，待香菇变软，加入毛豆及调味料继续翻炒，即完成。

净碳水化合物	蛋白质	脂肪	膳食纤维	热量
19.35g	31.73g	35.44g	2.9g	511kcal

09 清爽豆腐猪肉卷

配菜：焗烤青酱番茄盅 + 鹅油拌油菜 + 糙米饭

豆腐猪肉卷

（ 材料 ）
猪里脊肉片…100g
板豆腐…100g
橄榄油…1小匙

（ 腌料 ）
酱油…1/2匙
米酒…1/2匙
白胡椒…适量

（ 做法 ）

1 猪里脊肉片加入腌料抓腌静置15分钟；板豆腐压出水分后，切成适当大小。

2 猪肉片包起板豆腐后，放入锅中煎到肉片熟透，即完成。

鹅油拌油菜

（ 材料 ）
油菜…100g

（ 调味料 ）
鹅葱油…1小匙
食盐…适量

（ 做法 ）

油菜入热水汆烫后，沥干水分，趁热拌入鹅葱油及食盐调味，即完成。

焗烤青酱番茄盅

（ 材料 ）
番茄半个…约30g
披萨奶酪…10g
自制青酱…1匙（做法请参考p.51）
奶酪粉…适量

（ 做法 ）

1 番茄对半切，放上青酱及奶酪丝后，放入烤箱烘烤。

2 烤至表面奶酪融化后取出，再撒上奶酪粉，即完成。

糙米饭

餐盘食用重量：40g　（做法请参考p.44）

净碳水化合物
17.91g

蛋白质
37.18g

脂肪
15.02g

膳食纤维
2.2g

热量
369kcal

⑩ 香煎鸡胸肉西葫芦

配菜：油渍番茄沙拉 + 糙米饭

香煎鸡胸肉西葫芦

材料

西葫芦…80g
香煎鸡胸肉…130g
橄榄油…1小匙

调味料

黑胡椒…适量
食盐…适量

做法

1 将泡过盐水的鸡胸肉放入锅内，加入橄榄油两面各煎1分钟，盖上锅盖转小火焖约3～4分钟，撒上调味料再取出，静置后再切开，肉汁才能保留。

2 锅中放入切片西葫芦，两面煎到金黄，撒上调味料即可。

油渍番茄沙拉

材料

马兹瑞拉奶酪…15g
油渍番茄…15g 　（做法请参考p.55）
莴苣…50g

调味料

自制风味油…1小匙 　（做法请参考p.55）
食盐…适量
柠檬汁…5ml

做法

将所有食材与调味料拌匀后，分别摆放于餐盘即完成。

糙米饭

餐盘食用重量：40g 　（做法请参考p.44）

净碳水化合物	蛋白质	脂肪	膳食纤维	热量
6.17g	**39.96**g	**15.77**g	**5.5**g	**497**kcal

⑪ 青酱奶酪鸡肉卷

配菜：花椰菜饭 + 氽烫秋葵 + 醋腌樱桃萝卜

青酱奶酪鸡肉卷

材料

自制青酱…20g

（做法请参考p.51）

马兹瑞拉奶酪…20g

鸡胸肉…120g

橄榄油…1小匙

做法 （见图35）

1 鸡胸肉片开后，盖上保鲜膜用肉槌拍成肉片厚度。

2 抹上青酱后摆上奶酪并向前卷起，底部用牙签辅助固定。

3 锅中加入橄榄油，中火两片各煎1～2分钟至肉片变色后，于锅边加入2大匙开水，转小火加上盖焖煎3～4分钟。

4 用牙签插入肉卷最厚的地方，拔出牙签若流出透明汤汁或以牙签轻碰人中，感到温温的即可关火，取出肉卷稍静置，再切片。

   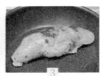

图35

氽烫秋葵

材料

秋葵…50g

食盐…适量

干辣椒碎…适量

做法

1 秋葵以少许食盐搓去外部茸毛，洗净后削去较粗的蒂头。

2 热水氽烫约1分钟后捞起，放入冷开水浸泡，冷却后沥干，撒点食盐及辣椒碎调味即可。

醋腌樱桃萝卜

餐盘食用重量：10g

(材料)

樱桃萝卜…100g
苹果醋…3大匙

(做法)

樱桃萝卜洗净沥干水分，切片后置
于密封盒，加入苹果醋腌制，可冷
藏保存一周。

花椰菜饭

餐盘食用重量：150g　（做法请参考p.49）

(做法)

蒜头切末入油锅炒香，加入花椰菜米快
速翻炒，再加入适量食盐即完成。

莴苣

餐盘食用重量：30g

净碳水化合物	蛋白质	脂肪	膳食纤维	热量
19.81g	**41.16**g	**31.17**g	3g	**583**kcal

⑫ 匈牙利烤鸡翅腿时蔬

配菜：糙米饭

匈牙利烤鸡翅腿时蔬

材料

鸡翅腿⋯150g（3只）
甜椒⋯40g
西蓝花⋯50g
蘑菇⋯40g
橄榄油⋯1小匙

腌料

红椒粉⋯1/2小匙
洋葱粉⋯1/2小匙
黑胡椒⋯1/4小匙
食盐⋯1/4小匙
意式香料⋯1/4小匙
橄榄油⋯1小匙

调味料

黑胡椒⋯适量
食盐⋯适量

做法

1 鸡翅腿先用叉子戳进肉里插几下，可帮助腌料入味，将腌料均匀裹附于鸡翅上，腌至少20分钟，冷藏隔夜尤佳。

2 所有蔬菜拌入橄榄油及调味料备用。

3 烤箱预热200℃，鸡翅放烤盘烤约10分钟后，取出翻面，连同时蔬一起摆放，续烤约12～15分钟，即可出炉。

糙米饭

餐盘食用重量：40g　（做法请参考p.44）

净碳水化合物
18.54g

蛋白质
37.63g

脂肪
26.30g

膳食纤维
2.8g

热量
469kcal

13 清蒸鲷鱼

配菜：**蘑菇炒蛋 + 油淋青江菜 + 糙米饭**

清蒸鲷鱼

材料

鲷鱼片⋯140g
青葱⋯半根
姜⋯2片
金针菇⋯50g
大辣椒⋯半根

调味料

酱油⋯2小匙
米酒⋯1小匙
香油⋯2小匙

做法

1 青葱切丝，姜切丝，辣椒去籽切丝，备用。

2 盘中先放入金针菇，再摆上鲷鱼片，放上做法1的食材，保留一些青葱丝备用，淋上调味料，即可放入电饭锅蒸15分钟。

3 时间到取出，摆上剩余的青葱丝，用小锅加热香油，淋在葱丝上即完成。

口蘑炒蛋

材料

蛋⋯1颗
口蘑⋯50g
蒜头⋯1瓣
橄榄油⋯1小匙

调味料

食盐⋯适量

做法

1 蛋打散，口蘑切半，蒜头切片，备用。

2 口蘑入锅先炒出香气，加入橄榄油放入蒜头爆香，倒入蛋液翻炒后加入食盐调味。

油淋青江菜

材料

青江菜⋯50g
蒜头⋯1瓣
橄榄油⋯1小匙
食盐⋯适量

做法

青江菜对切，放入沸水余烫1分钟后捞起，锅中加油后放入蒜末爆香，再淋青江菜上，以食盐调味。

糙米饭

餐盘食用重量：40g　（做法请参考p.44）

081

净碳水化合物	蛋白质	脂肪	膳食纤维	热量
10.03g	**12.06**g	**21.11**g	**8**g	**301**kcal

⑭ 干煎虾仁

配菜：**低糖亚麻籽吐司 + 烤综合时蔬 + 微波西蓝花**

配菜：**低糖亚麻籽吐司 + 烤综合时蔬 + 微波西蓝花**

干煎虾仁

（材料）
虾仁…50g
食盐…适量
橄榄油…1小匙

（腌料）
米酒…1/2小匙
白胡椒粉…适量

（做法）

1 虾仁以腌料抓腌去腥，约10分钟后沥干水分，备用。

2 起油锅将虾仁煎到两面上色后，以适量食盐调味即可。

烤综合时蔬

（材料）
绿芦笋…50g
小番茄…50g
球子甘蓝…100g
橄榄油…1大匙
帕玛森奶酪粉…适量

（调味料）
食盐…适量
黑胡椒…适量

（做法）

小番茄及球子甘蓝切半，与芦笋放于烤盘，均匀淋上橄榄油后放入烤箱，温度190℃烤约15分钟，出炉后撒上调味料及奶酪粉即可。

低糖亚麻籽吐司

1片 （做法请参考p.183）

微波西蓝花

（材料）
西蓝花…50g
食盐…适量

（做法）

西蓝花放入可微波容器内，加盖微波2～3分钟，取出后以食盐调味即可。

净碳水化合物	蛋白质	脂肪	膳食纤维	热量
19.52g	37.54g	18.79g	2.7g	415kcal

(15) 香煎鲭鱼

配菜：酱淋秋葵 + 玉子烧 + 煎洋葱 + 糙米饭

香煎鲭鱼及洋葱

材料

鲭鱼…1片（约150g）
辣椒丝…适量（可省略）
洋葱…30g

调味料

胡椒盐…适量
食盐…适量

做法

1 中小火热锅放入鲭鱼慢煎，两面呈金黄色鱼肉熟透，撒上胡椒盐即可盛盘。

2 原锅直接下洋葱，煎到表面软熟后撒点食盐即完成。

注意

1.煎鱼过程中，可加盖加速肉熟以及防止鱼油喷溅。

2.可以购买冷冻的单片鲭鱼，比新鲜的鲭鱼方便料理。

糙米饭

餐盘食用重量：40g （做法请参考p.44）

酱淋秋葵

材料

秋葵…50g

调味料

味噌…1小匙
蛋黄沙拉酱…1小匙
酱油…1/2小匙
白芝麻…少许

做法

1 秋葵先以少许食盐搓去外部茸毛，洗净后削去较粗的蒂头，沸水汆烫约1分钟捞起，放入冷开水中浸泡冷却后沥干。

2 味噌、蛋黄沙拉酱及米酒拌匀，淋至秋葵上，再撒上白芝麻即完成。

玉子烧

材料

蛋…1颗
食盐…适量
橄榄油…1/2匙

做法

锅中加入橄榄油开中小火，先放入一些蛋汁于锅中间散开，从前面往自己方向卷起，再将蛋液移到锅子前端，重复动作到蛋汁用完即完成。

净碳水化合物 **9**g

蛋白质 **28.57**g

脂肪 **13.56**g

膳食纤维 **13.6**g

热量 **325**kcal

⑯ 奶油香蒜鲜虾魔芋面

材料

魔芋面…200g

大虾仁…150g

洋葱…30g

番茄…20g

玉米笋…3根

蒜头…1瓣

香菜…适量（可省略）

无盐奶油…10g

橄榄油…1小匙

调味料

黑胡椒…适量

食盐…适量

注意

　加入橄榄油可避免无盐奶油下锅后太快焦化。

做法

1　魔芋面先过热水后捞起，加入少许食盐拌匀备用；玉米笋切段，番茄切半，蒜头切片，洋葱切丝备用。

2　热锅先下橄榄油炒软洋葱，放进蒜末及其他蔬菜翻炒，再加入无盐奶油及虾仁翻炒到虾身变色。

3　于做法2中加入魔芋面翻炒，盛盘后撒上香菜装饰，即完成。

净碳水化合物	蛋白质	脂肪	膳食纤维	热量
13.42g	32.23g	29.35g	4.4g	457kcal

⑰ 香煎鲷鱼佐番茄奶酪酱

配菜：微波时蔬 + 蒸地瓜 + 醋腌樱桃萝卜

香煎鲷鱼片

材料

鲷鱼腹片…150g
橄榄油…1小匙

调味料

米酒…1小匙
白胡椒粉…适量

做法

1 鲷鱼片以腌料抓腌去腥，放置约5分钟，备用。

2 热油锅转中小火，将鲷鱼片慢煎到全熟，双面都上色，放入盘中淋上奶酪酱及适量黑胡椒即可。

微波时蔬

材料

花椰菜…50g
小番茄…20g
芦笋…30g
蟹味菇…10g
亚麻籽油…1小匙
食盐…适量

做法

所有材料放入可微波容器，加盖微波约2~3分钟。取出后，淋上亚麻籽油及食盐即可。

蒸地瓜

餐盘食用重量：50g

做法

地瓜洗净放入电饭锅或蒸笼，蒸约15分或以筷子能轻易插入地瓜的程度。

番茄奶酪酱

餐盘食用重量：30g

材料

剥皮番茄罐头…150g
奶油奶酪…50g
大蒜粉…1/4小匙
洋葱粉…1/4小匙
橄榄油…1大匙

调味料

味噌…1小匙
蛋黄沙拉酱…1小匙
酱油…1/2小匙
白芝麻…少许
黑胡椒…适量
食盐…适量

做法

1 将全部食材以调理器打成泥状，浓稠度可依喜好增加少许开水调整。

2 将酱汁倒入锅中，以小火边搅拌边加热，让味道融合。

醋腌樱桃萝卜

餐盘食用重量：10g

材料

樱桃萝卜…100g
苹果醋…3大匙

做法

樱桃萝卜洗净沥干水分，切片后置于密封盒，加入苹果醋腌制，冷藏保存一周。

净碳水化合物 **18.8**g　蛋白质 **31.8**g　脂肪 **17.88**g　膳食纤维 **2.2**g　热量 **374**kcal

(18) 香煎柠檬三文鱼

配菜：球子甘蓝炒杏鲍菇 + 藜麦蛋炒饭

香煎柠檬三文鱼

（材料）

三文鱼…100g
柠檬切片…1片

（做法）

1　中小火热锅放入三文鱼慢煎，两面呈金黄色鱼肉熟透，撒上胡椒盐即可盛盘。

2　食用时挤上柠檬汁，可解油腻感。

藜麦蛋炒饭

（材料）

熟藜麦…40g
蛋…1颗

（做法）

煎完三文鱼直接打入鸡蛋，翻炒到半熟，加入熟藜麦翻炒，撒上适量食盐即完成。

注意

　　煎三文鱼过程会有油脂释出，直接翻炒藜麦饭可吸取丰富的天然油脂，如怕腥味，则可另起锅，改用橄榄油翻炒。

球子甘蓝炒杏鲍菇

（材料）

球子甘蓝…50g
蒜瓣…1瓣
杏鲍菇…50g
胡萝卜丝…适量（可省略）
橄榄油…1小匙

（调味料）

黑胡椒…适量
食盐…适量

（做法）

热锅加入蒜片及切半的球子甘蓝翻炒，再加入切块的杏鲍菇及胡萝卜丝翻炒到熟，加入食盐和黑胡椒调味，即完成。

净碳水化合物 **6.92**g | 蛋白质 **10.76**g | 脂肪 **24.3**g | 膳食纤维 **9.2**g | 热量 **340**kcal

⑲ 蔬菜低糖亚麻籽吐司

（食材）

低糖亚麻籽吐司…2片（做法请参考p.183）

紫卷心菜…20g

莴苣…30g

牛油果…50g

番茄…50g

鸡蛋…1颗

橄榄油…1/2小匙

（面包抹酱）

芥末籽酱…1小匙

蛋黄沙拉酱…2小匙

（做法）　（见图36）

1　牛油果切片，番茄切片，鸡蛋放入锅内煎成荷包蛋，备用。

2　吐司放入面包机微烤，一面抹上蛋黄沙拉酱，一面抹上芥末籽酱，将所有食材依序叠放。

3　利用烘焙纸包住吐司，上下先包覆后左右两侧再往中间包紧，利用刀子对切后即完成。如无烘焙纸也可使用保鲜膜辅助。

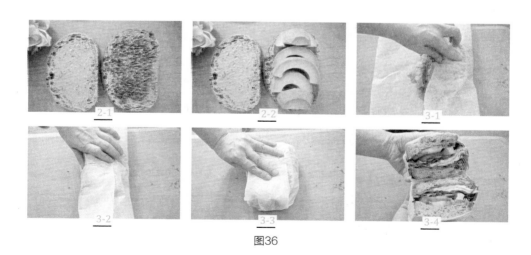

图36

净碳水化合物 **16.24**g ｜ 蛋白质 **48.3**g ｜ 脂肪 **28.7**g ｜ 膳食纤维 **4.1**g ｜ 热量 **543**kcal

⑳ 奶油香煎里脊牛排

配菜：**香草烤时蔬**

奶油香煎里脊牛排

材料

嫩肩里脊牛排···200g　　无盐奶油···10g
蒜瓣···2瓣切片　　　　　橄榄油···1小匙

调味料

黑胡椒···适量
食盐···适量

做法

热锅后，加入1小匙橄榄油及无盐奶油，放入蒜片及嫩肩里脊牛排，将两面各煎1～2分钟即可起锅，静置约5分钟再切开食用。牛肉熟度请依自身喜好，增减烹调时间。

香草烤时蔬

材料

土豆···80g　　　　　球子甘蓝···50g
西葫芦···75g　　　　橄榄油···2小匙

调味料

食盐···适量
意式综合香料···适量

做法

所有蔬菜洗净切片备用；土豆洗净不削皮、切块，放入可微波容器，微波5分钟后取出，再与蔬菜一起加入2小匙橄榄油，调味均匀后放入180℃的烤箱，烤约12～15分钟即可。

注意

　　家中无微波炉者，可改用水煮方式将土豆煮10分钟左右，或是直接入烤箱烘烤，但烘烤时间建议拉长至25分钟，才能吃起来外酥内软。

净碳水化合物	蛋白质	脂肪	膳食纤维	热量
27.72g	**26.64**g	**9.81**g	**1.6**g	**307**kcal

01 减糖红烧牛肉面

卤牛腱及卤蛋

餐盘食用重量：65g

材料

牛腱心…2大条
辣椒…2根
青葱…2根
酱油…150g
米酒…100g
老姜…1大块
蒜头…4瓣
橄榄油…1大匙
水煮蛋…1颗

香料

小茴香粒…1小匙
八角…2颗
丁香…1小匙
肉桂…半根
白胡椒粒…1大匙
月桂叶…4片

做法 （见图37）

1 先氽烫牛腱心，再以流水洗净肉渣备用。

2 香料用热锅干炒，炒出香气。

3 将青葱、蒜头及辣椒一起放入锅内，加油爆香。

4 加入酱油、米酒、老姜及牛腱心，再加入开水淹过所有食材，开始炖煮约50分钟，关火后将水煮蛋剥壳放入。

5 冷却、冷藏，隔日再食用即可。

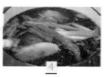

图37

减糖红烧牛肉面

材料

魔芋面…100g
荞麦面…30g
青江菜…100g
胡萝卜…10g
卤蛋…1颗
卤牛腱…65g

做法

1 青江菜、胡萝卜及魔芋面一起氽烫备用；原锅另下荞麦面煮熟备用。

2 将做法1准备好的食材盛入盘中，再摆上切片卤牛腱及对半卤蛋，淋上牛肉汤汁即可。

注意

1.上述香料部分如果不好购得，直接购买一包市售卤料替代即可。

2.卤汁加入适量高汤就是牛肉汤底。

3.只要减少面食的分量，改以魔芋面替代，碳水量就下降许多，一样能大口吃牛肉面。

4.各家厂牌酱油咸度不同，请依照自家酱油咸度做调整。

净碳水化合物	蛋白质	脂肪	膳食纤维	热量
27.04g	20.79g	12.21g	12.9g	341kcal

⑫ 减糖蚵仔面线

配菜：口菇蛋

口菇蛋

材料

口菇···3棵（约15g）
鸡蛋···1颗
橄榄油···1小匙
食盐···适量

做法

口菇切片，入锅内先煎出香气再倒油，蛋液打散铺于口菇上，撒点食盐煎到全熟即可。

减糖蚵仔面线

材料

长寿面线···30g
魔芋面···200g（使用自由神魔芋面）
牡蛎···100g
龙须菜···50g
高汤···1碗

做法

面条煮熟，魔芋面、牡蛎及龙须菜氽烫后，全部置于盘中，淋上加热高汤，加适量盐调味即可。

净碳水化合物	蛋白质	脂肪	膳食纤维	热量
32.13g	26.53g	14.40g	3.7g	383kcal

03 鸡肉蔬菜螺旋面

【材料】

鸡腿肉···85g

螺旋面···80g

蒜瓣···1瓣

荷兰豆···50g

蘑菇···30g

甜椒···30g

橄榄油···1小匙

【腌料】

酱油···1小匙

米酒···1小匙

【调味料】

食盐···适量

白胡椒···适量

【做法】

1 鸡腿肉切块后加腌料腌制，至少20分钟。

2 螺旋面放入滚水煮约7~8分钟，捞起备用。

3 平底锅热油，放入切片蒜瓣炒出香气，加入鸡腿肉翻炒，再加入其他食材翻炒到熟。

4 拌入烫好的螺旋面，加入适量食盐与白胡椒调味，即完成。

净碳水化合物	蛋白质	脂肪	膳食纤维	热量
28.65g	36.27g	18.76g	5.4g	518kcal

04 意式水煮鱼片

配菜：花椰菜藜麦饭

意式水煮鱼片

材料

鲷鱼腹片…150g　　无甜味白酒…100g

洋葱…30g　　　　橄榄油…1大匙

蒜瓣…2瓣切末　　罗勒叶…适量

小番茄…80g　　　黑胡椒…适量

球子甘蓝…50g　　食盐…适量

做法　（见图38）

1　鲷鱼腹片擦干表面水分，先撒上适量黑胡椒及食盐，备用。

2　热油锅，转中小火将鲷鱼表面煎到上色后，再放入洋葱及蒜末炒出香气。

3　倒入白酒，转小火让酒精挥发约3分钟，加入小番茄和甘蓝以及可淹过食材的开水，炖煮约10分钟。

4　加适量食盐和黑胡椒调味，盛盘撒上罗勒叶末，即完成。

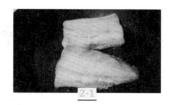

图38

花椰菜藜麦饭

材料

熟藜麦…50g

花椰菜饭…100g（做法请参考p.49）

做法

花椰菜米入锅中快炒拌熟，再加入熟藜麦混拌均匀即可。

注意

先将鲷鱼片煎出香气，可使料理更有风味，如果不想用油煎鱼片，可以放蔬菜一起炖煮，也可以再增加蛤蜊，让汤汁更鲜甜。

103

净碳水化合物	蛋白质	脂肪	膳食纤维	热量
31.82g	21.25g	15.14g	3.8g	366kcal

05 虾仁花椰菜米蛋炒饭

材料

虾仁…100g
蛋…1颗
花椰菜饭…100g
糙米饭…80g
蒜瓣…1瓣
橄榄油…1小匙

腌料

米酒…1/2匙
白胡椒粉…适量
黑胡椒粉…适量

做法

1 虾仁加入腌料，抓腌去腥15分钟，备用；蛋液入锅炒熟后，铲起备用。

2 虾仁翻炒到虾身变色，最后加入花椰菜米、糙米饭及蒜瓣炒香，倒入炒蛋翻炒，加适量的白胡椒、黑胡椒粉调味即可。

净碳水化合物	蛋白质	脂肪	膳食纤维	热量
33.36g	22.92g	21.48g	9g	452kcal

⑥ 椰香奶酪虾仁

配菜: 香煎南瓜 + 枸杞黄瓜 + 五谷饭

椰香奶酪虾仁

（材料）

椰子粉···5g
虾仁···100g
奶酪粉···1小匙

椰子油···1小匙
食盐···适量
黑胡椒粉···适量

（做法）

所有食材倒入碗里拌匀，入烤箱190℃烤约8分钟即可取出。

香煎南瓜

（材料）

南瓜···50g
肉桂粉···适量
橄榄油···1/2匙

（做法）

南瓜切薄片，与肉桂粉及橄榄油稍微翻拌，放入锅中煎到南瓜肉软熟即可。

枸杞黄瓜

（材料）

黄瓜···100g
虾皮···5g
枸杞···1小匙
橄榄油···1小匙
食盐···适量

（做法）

1 黄瓜切块备用，虾皮泡水沥干，先放入油锅炒香。

2 再放入黄瓜与枸杞翻炒，加1大匙水焖煮，加食盐调味即可。

五谷饭

餐盘食用重量：80g　（做法请参考p.44）

净碳水化合物 **27.19**g

蛋白质 **27.38**g

脂肪 **17.93**g

膳食纤维 **5.8**g

热量 **396**kcal

07 香烤柳叶鱼

配菜：蒜香球子甘蓝 + 意式土豆 + 水煮玉米

烤柳叶鱼

材料

柳叶鱼…100g

橄榄油…1小匙

白胡椒盐…适量

做法

烤箱预热200℃，柳叶鱼与橄榄油拌匀后，放烤盘入烤箱烤约12～15分钟后取出，再撒上适量白胡椒盐即可。

注意 ————

烘烤10分钟后取出，将柳叶鱼翻面续烤，上色会更均匀。

意式土豆

材料

土豆…1颗

（约100g）

橄榄油…1/2小匙

调味料

意式香料…适量

黑胡椒…适量

食盐…适量

做法

1 土豆洗净后水煮约20分钟，到筷子可刺穿的程度，沥干水分，静置冷却。

2 放入已加油的平底锅中，压扁煎到两面上色，以适量意式香料、食盐、黑胡椒调味，即完成。

蒜香球子甘蓝

材料

球子甘蓝…100g

小番茄…50g

蒜瓣…1瓣

橄榄油…1小匙

调味料

意式香料…适量

黑胡椒…适量

食盐…适量

做法

热油锅，加入蒜片及切半的球子甘蓝翻炒，再加入切半的小番茄炒到熟，加食盐及黑胡椒调味即完成。

水煮玉米

做法

玉米洗净放入沸水氽烫至全熟，切段取30g食用。

净碳水化合物	蛋白质	脂肪	膳食纤维	热量
28.11g	33.63g	26.92g	6.3g	511kcal

08 透抽镶蛋

配菜: 焗烤香菇 + 微波西蓝花 + 蒸地瓜

透抽镶蛋

材料

透抽…1尾
（约80g）
蛋…2颗
蒜瓣…1瓣切末

调味料

食盐…适量
黑胡椒…适量
橄榄油…1小匙

做法 （见图39）

1　透抽洗净清除内脏，取下头部切小块备用。

2　锅中加油放入蒜末，加入透抽块炒熟，再加入打散的蛋液，加调味料调味，炒熟后冷却备用。

3　炒蛋塞入透抽内，尽量用汤匙压入不要有空隙，以牙签固定收口，放入蒸笼蒸约8分钟，取出待冷却再切段食用。

3-1

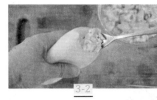
3-2

3-3

图39

注意

喜爱重口味的朋友，可在透抽上加上适量是拉差辣椒酱一起食用。

焗烤香菇

材料

大香菇…1朵
披萨奶酪…20g
黑胡椒…适量

做法

拔下大香菇蒂头，切碎后再放回香菇内，摆入奶酪及黑胡椒，放入小烤箱烤约8分钟，奶酪融化即可取出。

蒸地瓜

做法

地瓜洗净放入电饭锅或蒸笼，蒸约15分钟或以筷子能轻易戳入地瓜的程度。

微波西蓝花

餐盘食用重量：100g

材料

西蓝花…100g
橄榄油…1/2匙
食盐…适量

做法

西蓝花拌油及食盐，放入可微波容器，加盖微波约2～3分钟。

净碳水化合物	蛋白质	脂肪	膳食纤维	热量
28.12g	30.02g	29.84g	5.6g	672kcal

⑨ 酱烧排骨姜黄花椰菜饭

配菜：微波时蔬 + 咖喱姜黄花椰菜饭

酱烧排骨

材料

猪小排…150g
橄榄油…1小匙

调味料

酱油…1大匙
乌醋…1大匙
米酒…1大匙
赤藻糖醇…1小匙
开水…3大匙

做法

1 排骨以热水汆烫，去腥备用。

2 热油锅，放入排骨煎到上色后下调味料，转中小火焖煮约20分钟，开盖收干水分，即完成。

微波时蔬

材料

南瓜…50g
西蓝花…50g
食盐…适量
橄榄油…1小匙

做法

南瓜及西蓝花放入可微波容器，拌入食盐及橄榄油，加盖微波3分钟后先取出西蓝花，南瓜如未软熟，可再增加1～2分钟微波时间。

咖喱姜黄花椰菜饭

材料

花椰菜饭…100g
糙米饭…50g
蒜瓣…1瓣
橄榄油…20ml

调味料

姜黄粉…1/2小匙
咖喱粉…1/2小匙
食盐…适量

做法

热油锅，加入蒜末炒出香气，放入花椰菜饭与糙米饭快速翻炒后，加入调味料拌匀即完成。

净碳水化合物	蛋白质	脂肪	膳食纤维	热量
31.56g	**36.02**g	**21.37**g	**2.8**g	**478**kcal

⑩ 泡菜猪肉炒藜麦饭

（材料）

泡菜…50g

猪里脊肉片…100g

蒜瓣…1瓣

蟹味菇…50g

熟藜麦…100g

小黄瓜…20g切片

橄榄油…1小匙

食盐…适量

葱花…适量

（做法）

1 热油锅，放入切末蒜瓣与猪里脊肉片，煎到变色后再放泡菜。

2 陆续加入蟹味菇、熟藜麦翻炒到熟，再以食盐调味。

3 盛盘撒上葱花，盘边摆上小黄瓜切片，即完成。

净碳水化合物 **33.35**g

蛋白质 **23.24**g

脂肪 **23.43**g

膳食纤维 **5.8**g

热量 **462**kcal

⑪ 梅花肉蔬菜盅

配菜：风琴土豆

梅花肉蔬菜盅

材料

梅花猪肉片···100g
大白菜···30g
胡萝卜···20g

做法

1. 大白菜洗净切段，胡萝卜切薄片，备用。

2. 将备好的蔬菜与梅花猪肉片叠放入瓷碗中，加入2大匙开水及酱油，放入电饭锅蒸约15分钟即可。

风琴土豆

材料

小型土豆···2颗
（约210g）
橄榄油···适量

调味料

意式香料···适量
红椒粉···适量
黑胡椒粉···适量
食盐···适量

做法　（见图40）

1. 土豆洗净，取两根筷子置于土豆底部，用刀子尽量切薄片不切断。

2. 将橄榄油均匀抹上切片后，撒上调味料，放入预热200℃的烤箱烘烤约25分钟，到表面金黄、底部熟透。

图40

117

净碳水化合物	蛋白质	脂肪	膳食纤维	热量
25.07g	22.84g	33.9g	5.5g	508kcal

12 古早味爌肉饭

配菜：氽烫生菜 + 花椰五谷饭

爌肉操作食谱

盘餐食用重量：
五花肉80g、白萝卜30g、板豆腐50g、鸡蛋1颗、生菜100g、五谷饭50g、花椰菜米100g

材料

五花肉…300g
白萝卜…半条切块
板豆腐…1盒切块
水煮蛋…3颗
青葱…2根
大辣椒…1根
姜片…3片
蒜瓣…3瓣

调味料

酱油…150ml
赤藻糖醇…1大匙
八角…1颗
五香粉…1/2小匙

做法 （见图41）

1. 五花肉切大块，放入锅中煸出油脂及香气。

2. 炖锅内放入五花肉与调味料，加入可盖过食材的开水（约800ml），开大火煮滚后，转中小火炖煮30分钟。

3. 再放入白萝卜及切块板豆腐及剩下食材，继续炖20分钟，隔日加热后食用风味更佳。

 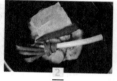 

图41

注意

炖煮使用蓄热性高的锅具，如铸铁锅、陶锅，可使肉片更快软嫩。

氽烫生菜

做法

生菜洗净放入沸水中氽烫，取出后放入盘中淋上卤汁，一起食用。

花椰五谷饭

做法

花椰饭放入可微波容器，加盖微波约1分钟至熟，拌入五谷饭增加饭量。

注意

家中无微波炉者，可用锅快炒花椰菜米再与五谷饭拌匀。

净碳水化合物	蛋白质	脂肪	膳食纤维	热量
30.23g	25.34g	39.20g	4.8g	586kcal

⑬ 简易叉烧肉

配菜: 蒜香西葫芦甜椒 + 青江菜炒豆皮 + 五谷饭

叉烧肉

餐盘食用重量：80g

材料

猪梅花肉…1块（约350g）
姜片…3片
青葱…1根切段
大蒜…4瓣

腌料

酱油…2又1/2大匙
米酒…2大匙
番茄泥…1大匙
罗汉果糖…2大匙
五香粉…1/2小匙

做法 （见图42）

1 将腌料拌匀后成为腌汁，将猪梅花肉浸泡于其中，移到密封袋或真空保鲜盒，放入冷藏三天，如用密封盒期间可拿出翻面或摇一摇，腌汁让肉块表面也能浸润。

2 第三天预热烤箱200℃，取出肉块，将腌料淋上放入烘烤，约10分钟后取出翻面再续烤10分钟。

3 取出后，将烤盘上变浓稠的酱汁再抹于叉烧表面，静置5～10分钟再切片食用。

图42

蒜香西葫芦甜椒

材料

西葫芦…80g
甜椒…30g
蒜瓣…1瓣
橄榄油…1小匙
食盐…适量
黑胡椒…适量

做法

热油锅，炒香蒜瓣，放入西葫芦煸出香气，再加入甜椒翻炒，以适量食盐、黑胡椒调味即可。

五谷饭

餐盘食用重量：100g （做法请参考p.44）

青江菜炒豆皮

材料

生豆皮…30g
青江菜…100g
蒜瓣…1瓣
橄榄油…1小匙
食盐…适量

做法

锅中加油炒香蒜瓣，放入豆皮煸出豆香后，加入青江菜翻炒，加适量食盐调味即可。

净碳水化合物 **23.07**g　蛋白质 **23.8**g　脂肪 **23.73**g　膳食纤维 **4.4**g　热量 **409**kcal

（14）泡菜黄瓜猪肉卷

配菜：芦笋炒木耳 + 蒸芋头

泡菜黄瓜猪肉卷

材料

猪梅花肉…100g
韩式泡菜…50g
小黄瓜…50g
橄榄油…1小匙
黑胡椒…适量

做法

起油锅，将猪梅花肉两面煎熟上色后，稍微放凉，包入泡菜后卷起，再与小黄瓜串在一起，加适量黑胡椒调味即可。

注意

　　市售韩式泡菜品牌众多，请挑选无过多添加物及碳水量低的品牌，避免摄取过多糖量。

芦笋炒木耳

材料

芦笋…60g
木耳…50g
蒜瓣…1瓣
橄榄油…1小匙
食盐…适量
白胡椒…适量

做法

1 芦笋切去纤维较粗的尾端，木耳切丝、蒜瓣切片，备用。

2 起油锅，放入蒜片炒出香气，加入芦笋及木耳翻炒后，加适量食盐、白胡椒调味即可。

蒸芋头

材料

芋头…100g

做法

芋头去皮切块，取100g大火蒸约20分钟，至筷子可轻易穿透即可。

123

净碳水化合物	蛋白质	脂肪	膳食纤维	热量
34.14g	31.79g	13.18g	5.6g	454kcal

⑮ 意式猎人炖鸡饭

配菜：糙米饭

意式猎人炖鸡饭

材料

去骨鸡腿肉⋯120g

洋葱⋯30g

番茄⋯50g（约半颗）

罐装番茄泥⋯3大匙

胡萝卜⋯20g

蟹味菇⋯50g

白酒⋯1大匙

橄榄油⋯1小匙

月桂叶⋯1片

调味料

意式香料⋯适量

黑胡椒⋯适量

食盐⋯适量

香菜叶⋯适量（可省略）

糙米饭

餐盘食用重量：80g （做法请参考p.44）

做法

1 去骨鸡腿肉鸡皮朝下，放入锅中煎出油脂，至金黄色取出切块备用。

2 原锅加入橄榄油，放入洋葱炒出香气，再加入番茄泥及切块番茄、蒜末翻炒。

3 放入鸡腿肉、胡萝卜、蟹味菇、白酒及一碗水，炖煮约20分钟，加入调味料即完成，最后盛盘，撒上香菜叶作装饰。

净碳水化合物
27.55g

蛋白质
50.21g

脂肪
30.25g

膳食纤维
0.8g

热量
595kcal

⑯ 韩式辣酱烤翅腿

配菜: 小米椒炒豆干 + 熟藜麦

韩式辣酱烤翅腿

材料

鸡翅小腿…3只
（约150g）

腌料

黑胡椒粒…1/4小匙
韩国辣椒粉…1/2小匙
赤藻糖醇…1/2小匙
罐装番茄泥…1大匙
洋葱粉…适量
香蒜粉…适量
食盐…适量
橄榄油…1小匙

做法

1 鸡翅小腿先用叉子戳几下，可帮助腌料入味，将腌料均匀裹在翅腿上，腌制至少20分钟，冷藏隔夜尤佳。

2 烤箱预热220℃，翅腿放烤盘烤约10分钟后取出翻面，续烤10分钟，即可出炉。

小米椒炒豆干

材料

小米椒…50g
豆干…30g
大辣椒…半根
蒜瓣…1瓣
橄榄油…1小匙
食盐…适量

做法

1 小米椒切段、豆干切片、蒜瓣拍碎、辣椒切段，备用。

2 以中小火热油锅，炒香蒜末及辣椒，再加入小米椒翻炒，最后加入豆干及食盐调味即可。

熟藜麦

餐盘食用重量：80g 　（做法请参考p.44）

净碳水化合物	蛋白质	脂肪	膳食纤维	热量
34.5g	39.47g	17.28g	1.8g	462kcal

⑰ 洋葱炒鸡柳

配菜: 咸蛋炒白菜 + 熟藜麦

洋葱炒鸡柳

（ 材料 ）

鸡里脊肉…120g　（盐渍法请参考p.35盐
渍鸡胸肉）
洋葱…20g
胡萝卜…10g
橄榄油…1小匙
食盐…适量
白胡椒…适量

（ 做法 ）

1　鸡里脊肉切块，洋葱、胡萝卜切丝，
　　备用。

2　热油锅，先翻炒洋葱及胡萝卜至洋葱
　　呈透明状，再加入鸡肉翻炒至熟，加
　　适量食盐、白胡椒调味即可。

熟藜麦

餐盘食用重量：100g　（做法请参考p.44）

咸蛋炒白菜

（ 材料 ）

咸鸭蛋…半颗
小白菜…100g切段
蒜头…1瓣切末
橄榄油…1小匙

（ 做法 ）

咸鸭蛋切碎，放入油锅与蒜末炒出香
气，加入小白菜翻炒至熟即可。

净碳水化合物	蛋白质	脂肪	膳食纤维	热量
27.49g	**29.84**g	**20.9**g	**8.6**g	**436**kcal

18 意式香料鸡丁

配菜：奶香时蔬 + 地瓜泥

意式香料鸡丁

材料

鸡里脊肉···100g

调味料

橄榄油···1小匙
意式香料···1/2匙
食盐···适量
黑胡椒···适量

做法

1 鸡里脊肉切丁，与其他调味料拌匀，腌制至少20分钟。

2 热油锅，以中小火慢煎到全熟，加适量食盐、黑胡椒调味即可。

地瓜泥

餐盘食用重量：60g

材料

地瓜···3小条（约300g）
无盐奶油···10g

做法

1 地瓜削皮后切丁，放入电饭锅或蒸笼，中火蒸约15分钟（以筷子测试能轻易插进）。

2 取出后，趁热加入无盐奶油捣成泥状即可。

注意

　　地瓜泥与芋头泥一样，可以一次性做较大分量放入冰箱保存，可用烘焙铝箔容器，先行挤出自己设定的备餐分量，再冷藏保存，方便每次搭餐食用。

奶香时蔬

材料

玉米笋…3根
松茸菇…65g
球子甘蓝…100g
茄子…35g
胡萝卜…10g

调味料

无盐奶油…15g
食盐…适量
黑胡椒…适量

注意

微波时蔬快速又能保色，家中无微波炉者，可改氽烫方式（球子甘蓝氽烫较易产生苦味）。

做法

无盐奶油室温软化，将所有食材放入可微波容器，微波3～4分钟，趁热拌入奶油及调味料即可。

131

净碳水化合物	蛋白质	脂肪	膳食纤维	热量
30.89g	8.44g	19.88g	20.8g	351kcal

⑲ 杧果牛油燕麦碗

材料

奇亚籽…10g

燕麦麸皮…40g

无糖杏仁奶…100g

蓝莓…30g

牛油果…50g

杞果…50g

无调味坚果…适量

草莓脆片…适量

薄荷叶…适量

做法

1 奇亚籽与燕麦麸皮加入无糖杏仁奶搅拌，放冰箱冷藏隔夜，取出装入盘中。

2 牛油果打泥后摆入盘底，再依次摆上其他食材，最后以薄荷叶装饰，即完成。

注意

　　燕麦麸皮是燕麦最外层的表皮。含有丰富的膳食纤维，其中主要是属于水溶性的膳食纤维，富有营养价值，与一般即食麦片不同，碳水也较低，可在网上购得。

净碳水化合物	蛋白质	脂肪	膳食纤维	热量
27.76g	**11.64**g	**14.83**g	**4.8**g	**307**kcal

⑳ 减糖芋泥豆皮卷

配菜：比布生菜 + 蓝莓

芋泥豆皮卷

（材料）

芋头泥…100g　（做法请参考p.47）
千张豆皮…2张
鸡蛋…1颗
橄榄油…1/2匙

（调味料）

黑胡椒…适量
食盐…适量

（做法） （见图43）

1　鸡蛋加入调味料打散，放入锅中煎成大圆片。

2　取两张豆皮，摆放鸡蛋及芋头泥后，包覆成卷，放入锅中将两面煎上色，增加酥脆口感。

> **注意**
>
> 　　千豆皮（千张）是近期吃减糖饮食很受欢迎的食材之一，可拿来做馄饨、蛋饼皮，或当作春卷皮等使用，在商超或网上都可以购买。

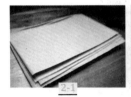 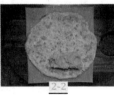  

图43

蓝莓

餐盘食用重量：20g

比布生菜

餐盘食用重量：30g

净碳水化合物	蛋白质	脂肪	膳食纤维	热量
40.92g	28.18g	28.73g	5.4g	552kcal

01 免炸苏格兰蛋

配菜：青椒炒杏鲍菇 + 醋腌萝卜 + 五谷饭

免炸苏格兰蛋

(材料)

鹌鹑蛋…2颗
猪肉馅…100g

(调味料)

红椒粉…1/4匙
食盐…1/4匙
黑胡椒…适量
蒜粉…适量
橄榄油…1小匙

(外层裹料)

鸡蛋…1颗
黄豆粉…1大匙

(做法)　（见图44）

1 猪肉馅先加入1小匙水，拌到水分吸收后，再加入所有调味料搅拌，至肉馅产生黏性后，分成两份捏成丸状，并拍出多余空气。

2 每一份包裹1颗鹌鹑蛋，先沾蛋液后再裹黄豆粉。

3 烤箱预热190℃，烘烤约15分钟即完成。

图44

(注意)

1.用两根叉子辅助滚动猪肉丸，就不会沾手。

2.各品牌烤箱火力均不相同，请以自家烤箱火力调整烘烤时间。

青椒炒杏鲍菇

(材料)

青椒…60g
杏鲍菇…60g
蒜瓣…1瓣
橄榄油…1小匙
食盐…适量

(调味料)

食盐…适量
白胡椒粉…适量

(做法)

1 青椒切块，杏鲍菇切块，备用。

2 锅中加入橄榄油及蒜瓣炒香后，放入青椒和杏鲍菇炒到熟，再加入食盐调味即可。

醋腌萝卜

餐盘食用重量：15g

(材料)

樱桃萝卜…100g
苹果醋…3大匙

(做法)

樱桃萝卜洗净沥干水分，切片后置于密封盒，加入苹果醋腌制，冷藏保存1周。

五谷饭

餐盘食用重量：110g　（做法请参考p.44）

净碳水化合物	蛋白质	脂肪	膳食纤维	热量
43.32g	38.51g	27.62g	4.1g	594kcal

02 香煎猪排

配菜：豆皮蔬菜卷 + 醋腌萝卜 + 糙米饭

香煎猪排

（材料）

里脊肉片…1片
（约110g）
橄榄油…1小匙

（腌料）

酱油…1小匙
米酒…1小匙
五香粉…适量
蒜粉…适量
白胡椒…适量

（做法）

1 先将猪肉片断筋，烹煮过程才不会缩小，加入腌料腌制至少20分钟，隔夜冷藏尤佳。

2 起油锅，将猪排两面翻煎至全熟，即完成。

豆皮蔬菜卷

（材料）

生豆皮…40g
小黄瓜…25g
胡萝卜…25g
金针菇…25g
橄榄油…1小匙

（调味料）

酱油…1大匙
米酒…1小匙
开水…1大匙
白胡椒…适量

（做法）

1 所有蔬菜切成长条状；生豆皮摊开后裁成长方形。用豆皮将蔬菜包起来，接缝处以牙签固定。

2 起油锅，干煎豆皮卷，待上色后倒入调味料转小火，加上盖焖煮约3～5分钟。

图45

醋腌萝卜

餐盘食用重量：15g （做法请参考p.137）

小黄瓜

餐盘食用重量：15g

糙米饭

餐盘食用重量：100g （做法请参考p.44）

净碳水化合物	蛋白质	脂肪	膳食纤维	热量
39.48g	32.54g	20.49g	8.2g	496kcal

03 竹笋炒肉丝

配菜: 蒜炒水莲 + 甜椒镶蛋 + 花椰菜糙米饭

竹笋炒肉丝

材料

猪里脊肉…80g
竹笋…100g
胡萝卜…10g
蒜瓣…1瓣
橄榄油…1小匙
食盐…适量

腌料

酱油…1小匙
米酒…1/2小匙
香油…1/2匙
白胡椒…适量

做法

1 将竹笋、胡萝卜、猪里脊肉全部切成长条状，里脊肉与腌料拌匀，腌制约20分钟。

2 起油锅，放入肉丝翻炒到稍变色，放入蒜瓣、竹笋及胡萝卜翻炒到熟即可。

蒜炒水莲

材料

水莲…50g
蒜瓣…1瓣
橄榄油…1小匙
食盐…适量

做法

1 蒜瓣切片与水莲放入锅内，加2大匙水，转中小火加盖焖煮2分钟。

2 掀盖后，加入橄榄油转中火，快速翻炒后再以食盐调味即完成。

甜椒镶蛋

材料

甜椒…65g
鸡蛋…1颗
食盐…适量
黑胡椒…适量
橄榄油…适量

做法

甜椒剖半去籽，用刷子沾油涂抹内外，打入1颗鸡蛋，放入小烤箱烤约7~8分钟，取出后撒上黑胡椒及食盐调味。

花椰菜糙米饭

材料

糙米饭…80g
花椰菜饭…100g

做法

花椰菜饭放入锅中快炒拌熟，再与糙米饭混拌均匀即可。

净碳水化合物
37.19g

蛋白质
17.87g

脂肪
16.18g

膳食纤维
3.8g

热量
329kcal

04 轻盈豆腐汉堡排

配菜: 蒸地瓜 + 番茄 + 洋葱 + 比布生菜

豆腐汉堡肉

材料

板豆腐…30g
猪肉馅…70g

调味料

红椒粉…1/4匙
食盐…1/4匙
黑胡椒…适量
蒜粉…适量
橄榄油…1小匙

做法

1 板豆腐压出多余水分，加入猪肉馅及所有调味料，搅拌至肉馅产生黏性后，分成2份并捏成丸状，用双手拍出空气。

2 热锅加入橄榄油，放入锅中，待底部定型后再翻面，用锅铲将肉丸压呈扁平状，续煎到肉排全熟即可。

蒸地瓜

餐盘食用重量：130g

做法

将地瓜放入电饭锅或蒸笼，以中火蒸约15分钟，以筷子测试能轻易插进地瓜为准。

比布生菜

餐盘食用重量：10g

番茄   # 洋葱

餐盘食用重量：20g   餐盘食用重量：20g

143

净碳水化合物	蛋白质	脂肪	膳食纤维	热量
38.04g	20.94g	29.94g	5.4g	520kcal

05 猪梅花卷心菜卷

配菜：西蓝花 + 椒盐板豆腐 + 五谷饭

猪梅花卷心菜卷

材料

猪梅花肉片…50g
卷心菜…60g
橄榄油…1小匙

调味料

酱油…1大匙
米酒…1大匙
罗汉果糖…1/2匙
白胡椒…1大匙
开水…1大匙

做法

1 卷心菜剥下叶片，洗净烫熟后取出冷却，切掉硬梗将叶片左右相叠，再卷成柱状，猪梅花肉片放在下方，包起卷心菜卷。

2 起油锅，放入猪肉卷，煎至两面上色后加入调味料，加盖以中小火焖煮约2分钟后，掀盖收汁即完成。

1-1

1-2

1-3

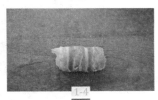
1-4

图46

椒盐板豆腐

材料

板豆腐…80g
橄榄油…1小匙
白胡椒盐…适量

做法

板豆腐切块，锅中倒入适量的油，放入锅中煎至两面上色，撒上少许白胡椒盐调味即可。

西蓝花

餐盘食用重量：50g

做法

沸水放入西蓝花汆烫至熟后，取出加入适量食盐调味。

五谷饭

餐盘食用重量：100g　（做法请参考p.44）

净碳水化合物 **39.35** g　　蛋白质 21.16g　　脂肪 15.56g　　膳食纤维 10.2 g　　热量 409 kcal

⑥ 青江菜炒虾仁

配菜：金针花炒蟹味菇 + 水煮蛋 + 花椰菜糙米饭

青江菜炒虾仁

材料

虾仁…50g
青江菜…100g
蒜瓣…1瓣
食盐…适量
橄榄油…1小匙

腌料

白胡椒…适量
米酒…1小匙

做法

1 虾仁先以腌料抓腌去腥约10分钟，锅中加油放入蒜瓣切片，再放入虾仁炒到虾身变红，取起备用。

2 原锅放入蒜瓣与青江菜，加入1大匙开水翻炒到叶片软熟后，放回虾仁翻炒，再以食盐调味。

金针花炒蟹味菇

材料

金针花…100g
蟹味菇…30g
姜丝…适量（约5g）
食盐…适量
香油…适量（可省略）
橄榄油…1小匙

做法

1 干燥金针花先泡水，待恢复原状后，挤掉水分备用。

2 热油锅，放入姜丝煸出香气，再放入金针花及蟹味菇翻炒到熟，再以食盐调味，起锅前滴上适量香油。

花椰菜糙米饭

材料

糙米饭…80g
花椰菜饭…50g

做法

花椰菜饭放入锅中快炒拌熟，再与糙米饭混拌均匀即可。

水煮蛋

餐盘食用重量：1颗

净碳水化合物 **38.3**g 　蛋白质 **37.82**g 　脂肪 **20.92**g 　膳食纤维 **5.7**g 　热量 **510**kcal

07 香煎椒盐鲈鱼

配菜：芦笋炒杏鲍菇 + 萝卜毛豆厚蛋烧 + 糙米饭

香煎椒盐鲈鱼

材料

鲈鱼片…1片（约120g）
橄榄油…1小匙
米酒…1/2小匙
胡椒盐…适量

做法

1 取一容器放入所有食材，抓腌去腥约10分钟。

2 起油锅，放入鲈鱼片，鱼皮面朝下，每面约煎2～3分钟，待煎出香气及定型后，再煎另一面。

芦笋炒杏鲍菇

材料

杏鲍菇…50g
芦笋…100g
蒜瓣…1瓣
食盐…适量
橄榄油…1小匙

做法

起油锅蒜瓣炒香，再加入杏鲍菇及芦笋翻炒到熟，以食盐调味即可。

萝卜毛豆厚蛋烧

材料

鸡蛋…1颗
胡萝卜…20g
冷冻毛豆仁…15g
食盐…适量
白胡椒…适量
橄榄油…1小匙

做法

1 将蛋打散，胡萝卜切小丁与毛豆一起放入蛋液，并调味。

2 起油锅，倒入胡萝卜毛豆蛋液，待底部成型，用锅铲将蛋皮对折覆盖，成为厚蛋烧。

糙米饭

餐盘食用重量：100g （做法请参考p.44）

净碳水化合物 **38.54**g

蛋白质 **28.52**g

脂肪 **26.25**g

膳食纤维 **8.4**g

热量 **515** kcal

08 迷迭香纸包鲷鱼

配菜：花椰菜五谷饭

迷迭香纸包鲷鱼

材料

球子甘蓝…100g
洋葱…50g
番茄…100g
鲷鱼片…100g
料理白酒…2大匙
橄榄油…1小匙
无盐奶油…10g
柠檬切片…1片（可省略）

调味料

食盐…适量
黑胡椒…适量
意式综合香料…适量
迷迭香…1枝（可替换自己
喜爱的香草）

做法 （见图47）

1 烤箱预热200℃，取一大张烘焙纸，先铺上蔬菜，再放上鲷鱼片，撒上调味料，淋上橄榄油及奶油块。

2 将烘焙纸对折后，扭转接口处，留一空隙再倒入白酒。

3 全部封紧后放入盘中，入烤箱烤约20分钟，食用时挤上柠檬汁。

图47

花椰菜五谷饭

材料

五谷饭…80g
花椰菜饭…50g
（做法请参考p.49）

做法

花椰菜饭放入锅中快炒拌熟，再与五谷饭混拌均匀即可。

151

净碳水化合物	蛋白质	脂肪	膳食纤维	热量
41.56g	26.53g	37.44g	4.2g	580kcal

(09) 姜黄炖饭佐香煎鲈鱼

姜黄炖饭

材料

五谷饭…100g
椰奶…150ml
花椰菜…30g
蟹味菇…30g
蒜瓣…1瓣
开水…2大匙
食盐…适量

做法

1 起油锅，加入蒜瓣翻炒至产生香气，再放入五谷饭翻炒。

2 加入椰奶、开水及所有蔬菜，转小火炖煮约10分钟，以适量食盐调味即可。

香煎鲈鱼

材料

鲈鱼片…100g
橄榄油…1小匙
食盐…适量

做法

1 鲈鱼片以纸巾擦干表面水分，两面抹上适量食盐。

2 热油锅，鱼皮朝下放入锅中煎，至上色后再翻面，转中小火煎熟即完成。

净碳水化合物	蛋白质	脂肪	膳食纤维	热量
38.71g	24.29g	11.83g	7.1g	379kcal

⑩ 泡菜炒鱿鱼

配菜：荷兰豆炒口菇 + 花椰菜糙米饭

泡菜炒鱿鱼

材料

洋葱…20g
蒜瓣…1瓣
熟鱿鱼…65g
泡菜…50g
青葱…10g
橄榄油…1小匙
食盐…适量
香油…适量

做法

1 起油锅，放入洋葱炒至透明状，再加入蒜瓣、鱿鱼及泡菜翻炒。

2 撒上青葱及适量食盐与香油调味，即完成。

荷兰豆炒口菇

材料

口菇…30g
荷兰豆…50g
蒜瓣…1瓣
食盐…适量
橄榄油…1小匙

做法

1 口菇快速洗去表面脏污切片，荷兰豆拔除侧边粗丝，蒜瓣切片备用。

2 起油锅，放入蒜片翻炒出香气，加入荷兰豆及口菇翻炒到熟，再以适量食盐调味。

花椰菜糙米饭

材料

糙米饭…80g
花椰菜饭…100g
（做法请参考p.49）

做法

花椰菜饭放入锅中快炒拌熟，再与糙米饭混拌均匀即可。

净碳水化合物	蛋白质	脂肪	膳食纤维	热量
41.59g	39.93g	19.49g	4.4g	505kcal

⑪ 焗烤金枪鱼时蔬五谷饭

焗烤金枪鱼时蔬五谷饭

材料

五谷饭…100g
洋葱…20g
水煮金枪鱼…90g
玉米粒…30g
甜椒…20g
毛豆仁…20g
奶酪丝…40g
奶酪粉…适量

调味料

橄榄油…1小匙
黑胡椒…适量
食盐…适量

做法

1　起油锅，放入洋葱炒到透明状，依序放入水煮金枪鱼、玉米粒、甜椒及毛豆仁，炒出香气。

2　再加入五谷饭翻炒均匀，以调味料适量调味。

3　炒匀后移入铁锅内，表面撒上奶酪丝，放入预热好200℃的烤箱，烤到表面奶酪呈金黄色即可，出炉后再于表面撒上奶酪粉，即完成。

净碳水化合物 **40.86**g

蛋白质 **29.1**g

脂肪 **17.26**g

膳食纤维 **16.7**g

热量 **466**kcal

⑫ 鹰嘴豆泥

配菜: 毛豆玉米虾仁 + 香煎藕片

鹰嘴豆泥

材料

鹰嘴豆罐头…200g
红椒粉…1小匙
黑胡椒粉…适量
橄榄油…1小匙

做法

鹰嘴豆取出沥干水分，用热水冲过，将所有材料放入料理机内，慢慢添加约3～4大匙的开水，依喜好调整浓稠度，打成绵密的豆泥。

注意

鹰嘴豆的蛋白质相当于一份肉类的含量，且质量更高，属于优质氨基酸，是素食者极佳的营养来源。鹰嘴豆分干货与即食罐头，使用即食罐头料理非常方便，在大卖场的罐头区可以购得。

毛豆玉米虾仁

材料

虾仁…100g
毛豆…30g
玉米粒…30g
蒜瓣…1瓣
橄榄油…1小匙

腌料

米酒…1小匙
白胡椒…适量

做法

1 虾仁以腌料抓腌10分钟，备用。

2 起油锅，下蒜瓣炒出香气，放入虾仁煎到虾身变色，加入毛豆及玉米粒，翻炒到虾身全熟即完成。

香煎藕片

材料

莲藕…50g
七味粉…适量
橄榄油…1小匙

做法

1 莲藕切成薄片，放入开水中浸泡防止变黑，取出后沥干水分备用。

2 将莲藕片放入油锅中，煎到两面均匀上色后，撒上七味粉调味即完成。

净碳水化合物	蛋白质	脂肪	膳食纤维	热量
38.71g	39.16g	13.71g	4g	457 kcal

⑬ 味噌烤鸡肉串

配菜：鲔仔鱼厚蛋烧 + 花椰菜糙米饭

味噌烤鸡肉串

材料

鸡胸肉…100g
甜椒…50g
香菇…2朵（约50g）

腌料

味噌…2小匙
米酒…1小匙
酱油…1小匙
赤藻糖醇…1小匙
橄榄油…1小匙

做法

1 甜椒切成块状，备用；鸡胸肉切块，放入腌料腌制至少20分钟，隔夜尤佳。

2 竹签先泡水后，串起甜椒、鸡胸肉及香菇，涂上剩余的腌酱。

3 全部食材放入预热好180℃的烤箱，烤约15分钟，约8分钟时可先取出香菇，并将鸡肉串翻面，让色泽更均匀。

鲕仔鱼厚蛋烧

材料

鲕仔鱼…20g
鸡蛋…1颗
蒜瓣…适量切末
食盐…适量
橄榄油…1小匙

做法

1 鲕仔鱼先以热水烫过，沥干水分；鸡蛋加盐打成蛋液，备用。

2 起油锅，炒香蒜末，加入鲕仔鱼炒出香气，蛋液倒入后待底部稍微成型，将蛋皮对折煎至两面金黄即可。

花椰菜糙米饭

材料

糙米饭…80g
花椰菜饭…50g

做法

花椰菜饭放入锅中快炒拌熟，再与糙米饭混拌均匀即可。

净碳水化合物
39.04g

蛋白质
37.36g

脂肪
19.14g

膳食纤维
5.2 g

热量
495 kcal

⑭ 照烧鸡柳寿司卷

配菜：汆烫花椰菜 + 花椰菜五谷饭 + 小番茄

照烧鸡柳寿司卷

材料

鸡里脊肉⋯100g
豌豆苗⋯20g
豆干⋯30g
寿司海苔⋯1片
蛋黄沙拉酱⋯1大匙
橄榄油⋯1小匙

腌料

酱油⋯1小匙
米酒⋯1小匙
赤藻糖醇⋯1/2匙
白芝麻⋯少许

> **注意**
>
> 因花椰菜五谷米黏性不如白米，需要趁温热聚合，如觉得保鲜膜较软难操作，可再用铝箔纸垫在下方帮助卷起。

做法

1 鸡里脊肉切成条状，加入腌料腌制至少20分钟，隔夜尤佳。

2 起油锅，放入鸡里脊肉煎熟，待冷却备用。

3 取一张保鲜膜，平铺上寿司海苔片，先将花椰菜五谷饭放上，再于底端依序放上豆苗、豆干及鸡里脊肉，挤上蛋黄沙拉酱。

4 将保鲜膜向前卷起，两侧再扭转抓紧，稍等3～5分钟定型，分段切开即可食用。

汆烫花椰菜

餐盘食用重量：80g

做法

花椰菜洗净后切小朵，入沸水加入少许食盐，汆烫约2分钟捞起沥干水分。

小番茄

餐盘食用重量：15g

花椰菜五谷饭

材料

五谷饭⋯80g
花椰菜饭⋯100g
（做法请参考p.49）

做法

花椰菜饭入锅中快炒拌熟，再与五谷饭混拌均匀即可。

净碳水化合物	蛋白质	脂肪	膳食纤维	热量
42.05g	16.54g	13.37g	3.9g	361kcal

(15) 怀旧风炖肉燥芋头

配菜：龙须菜炒木耳 + 糙米饭

肉燥芋头

糙米饭

餐盘食用重量：60g　（做法参考p.44）

材料

猪肉馅···50g
芋头块···100g
红葱头···2瓣
蒜头···1瓣

调味料

米酒···1小匙
酱油···1小匙
赤藻糖醇···1/2小匙
白胡椒···适量

做法

1　热锅放入猪肉馅煸出油脂，再倒入橄榄油，加红葱头及蒜头炒出香气。

2　放入调味料转中小火，待稍收汁后拌入蒸熟的芋头块，即完成。

龙须菜炒木耳

材料

龙须菜···100g
木耳···30g
蒜头···1瓣
橄榄油···1小匙
食盐···适量
白胡椒···适量

做法

1　沸水汆烫龙须菜约1分钟备用。

2　热油锅加入切片蒜瓣及木耳炒出香气，再加入沥干水分的龙须菜快速翻炒，加适量食盐及白胡椒调味。

165

净碳水化合物 **39.57**g

蛋白质 **32**g

脂肪 **22.36**g

膳食纤维 **5.3**g

热量 **498** kcal

(16) # 印度风咖喱鸡腿

配菜: 甜椒西蓝花 + 卤豆腐 + 五谷饭

印度风咖喱鸡腿

材料

琵琶腿···1只（约125g）

腌料

酸奶···15g
咖喱粉···1小匙
姜黄粉···1/4小匙
食盐···1/4小匙

做法

1 琵琶腿放入腌料中腌制，至少20分钟，冷藏隔夜尤佳。

2 放入已预热好200℃的烤箱，烤约15～18分钟即可。

甜椒西蓝花

材料

甜椒···50g
西蓝花···50g
蒜瓣···1瓣
食盐···适量
亚麻籽油···1小匙

做法

1 除亚麻籽油外，将所有食材放入可微波容器，加盖微波600W约3分钟。

2 取出后，再淋上亚麻籽油，拌匀即可。

注意

亚麻籽油拥有丰富的Omega-3脂肪酸，但不耐高温，适合做凉拌或料理完成后淋上。

卤豆腐

餐盘食用重量：50g （做法请参考p.97卤牛腱及卤蛋）

五谷饭

餐盘食用重量：100g （做法请参考p.44）

净碳水化合物	蛋白质	脂肪	膳食纤维	热量
41.19g	19.39g	26.22g	5.2g	524kcal

⑰ 红酒炖牛肉

配菜：花椰菜糙米饭

红酒炖牛肉

材料

白萝卜…50g

胡萝卜…50g

洋葱…20g

牛肋条…80g

红酒…30g

番茄泥…1大匙

开水…30g

蒜瓣…1瓣

月桂叶…适量

橄榄油…2小匙

做法

1 将所有食材均切成适当大小，备用。

2 热油锅，放入洋葱炒到透明状，再放入蒜瓣及牛肉，煎到表面上色后加入番茄泥翻炒，再加入萝卜、红酒、开水及月桂叶，加盖焖煮约20分钟。

花椰菜糙米饭

材料

糙米饭…80g

花椰菜饭…50g

（做法请参考p.49）

做法

花椰菜饭放入锅中快炒至熟，再与糙米饭混拌均匀即可。

169

净碳水化合物	蛋白质	脂肪	膳食纤维	热量
38.43g	**28.53**g	**15.90**g	**6.5**g	**427**kcal

⑱ 韩式牛肉拌饭

韩式牛肉拌饭

材料

牛肉片…90g

蟹味菇…30g

甜椒…20g

胡萝卜…20g

小黄瓜…30g

豆苗…10g

泡菜…50g

五谷饭…100g

橄榄油…2小匙

是拉差辣椒酱…适量

做法

1 所有蔬菜全部洗净，切成条状，备用。

2 热油锅，加入牛肉片、蟹味菇、甜椒及胡萝卜翻炒到熟，加适量食盐及黑胡椒调味后取出，备用。

3 盘中放入五谷饭，将炒好的牛肉片与小黄瓜、豆苗、泡菜铺于上方，并挤上是拉差辣椒酱，即完成。

净碳水化合物	蛋白质	脂肪	膳食纤维	热量
38.75g	**26.95**g	**15.56**g	**4.6**g	**415**kcal

⑲ 青椒炒牛肉

配菜：黄金玉米 + 花椰菜五谷饭

青椒炒牛肉

（材料）

牛肉片…100g　　橄榄油…2小匙
胡萝卜…10g　　食盐…适量
青椒…50g　　　黑胡椒…适量
蒜瓣…1瓣

（做法）

1 热油锅，放入切片的蒜瓣及胡萝卜，炒出
　香气。

2 放入牛肉片，快速翻炒后，再加入青椒翻
　炒到熟，加食盐及黑胡椒调味即可。

花椰菜五谷饭

（材料）

五谷米…80g
花椰菜饭…50g

（做法）

花椰菜饭放入锅中快炒拌熟，再与五谷饭混
拌均匀即可。

黄金玉米

餐盘食用重量：50g

（做法）

玉米切段，放入沸水余烫至熟即可。

173

净碳水化合物	蛋白质	脂肪	膳食纤维	热量
38.82 g	32.82g	22.34g	4.3g	510 kcal

⑳ 猪肉卷心菜卷

配菜：金沙双色西葫芦 + 花椰菜糙米饭

猪肉卷心菜卷

餐盘食用重量：150g

材料

猪肉馅…600g
卷心菜…1棵
鸡蛋…1颗

腌料

白胡椒…1/2小匙
大蒜粉…1小匙
五香粉…1小匙
酱油…1大匙
食盐…1小匙
香油…1小匙

做法

1 将全部调味料放入猪肉馅中，均匀搅拌至呈现毛茸状、产生黏性。

2 卷心菜剥除外层较老叶片后洗净，整棵放进蒸锅蒸约20分钟，至叶片软熟，冷却后从根部将叶片一片片拔下，备用。

3 将卷心菜梗部切开或削平，取每份约60g的猪肉馅放下方，叶片由下往上折，再将左右两侧叶片向内交叠，往前卷，最后底部用牙签固定，大火蒸约20分钟即完成。

注意

　　卷心菜卷可以一次性多做一些，很适合当成减糖常备菜；冷冻保存约2周，冷藏3天，微波或蒸熟加热即可食用。

图48

金沙双色西葫芦

材料

西葫芦…100g
熟咸蛋黄…2颗
蒜瓣…2瓣
橄榄油…2小匙
白胡椒…适量
食盐…适量

做法

1 熟咸蛋黄切碎，蒜瓣切碎，热油锅下蛋黄及蒜末，炒到蛋黄冒泡泡。西葫芦切片备用。

2 放入西葫芦片翻炒，加入1～2大匙开水，转中小火，继续翻炒到西葫芦软熟，收干水分，以适量食盐及胡椒粉调味即完成。

注意

　　1.西葫芦是减糖食材里推荐的瓜类蔬菜之一，如果不易取得，可使用一般小黄瓜替代。

　　2.咸蛋黄可于烘焙材料商店购得，或改以1/2的咸鸭蛋替代。

花椰菜糙米饭

材料

糙米饭…90g
花椰菜饭…50g

做法

花椰菜饭放入锅中快炒拌熟，再与糙米饭混拌均匀即可。

175

Part 5.
减糖也能安心吃的
烘焙点心

减糖时是否也想吃一点淀粉呢？专门设计给面包控们的低糖烘焙，减糖也能安心享用美味的甜点和面包，更是搭配早午餐时的好选择。

曼蒂在减（低）糖饮食时期，初期两个月完全没吃烘焙品，即便是碳水低也没吃，之后才慢慢地开始研究无面粉的低糖吐司，让盘餐多点变化，也满足想吃面包的欲望，所以在自制烘焙的部分，会以下面的方式来做搭配。

1.自制超低糖烘焙品，碳水量低。

2.自制减糖烘焙品，碳水量中等。

3.一般烘焙品，但必须精算碳水数，每餐不超过20g。

一般市售的白吐司，每100g碳水量大约47g，如果是吃每日60g以下的减糖餐，一片吐司几乎就占了一整天80%的碳水量了。为了减少摄取碳水化合物，曼蒂在制作低糖面包的粉类选择上，不管是白面粉，或是大家认为对人体较有益处的全麦、裸麦粉等都没有使用，因为以上皆属于富含淀粉的粉类食材。

自制的低糖吐司以同样100g计算，碳水量只有5g左右，相较之下，就可看出碳水量相差许多，不仅如此，还能吃到足够的纤维量。

能否接受不同以往所吃的面包口感因人而异，所以曼蒂在吐司食谱上，也设计了不同的粉类搭配。有完全无添加面粉的，也有搭配少量全麦面粉的，就像设计盘餐一样，让爱吃面包的朋友，也可以循序渐进地接受完全无面粉的低糖吐司。

| 小麦蛋白 |

曼蒂设计的低糖吐司，主要材料是以小麦蛋白粉为主体，"小麦蛋白"也称面筋粉，就是将面粉里的淀粉去除后分离出来的蛋白质。或许大家对这样的材料感到陌生，但是餐馆里常见的素菜面筋或是烤麸，即是用小麦蛋白所制作而成的。

| 黄金亚麻籽粉 |

这也是主要用来做低糖面包的食材之一。若能用整粒黄金亚麻籽，现打成粉使用，香气最足；如果无法取得，直接购买打成粉状的黄金亚麻籽粉也可以，不要使用褐色的亚麻籽粉，这种粉做面包比较难成团。

| 杏仁粉 |

低糖烘焙里另一款很常出现的粉类，即是杏仁粉，是由美国大杏仁果打成的粉状，与直接加热水冲泡的杏仁粉不同。

| 甜味剂 |

无糖质的粉类不含筋性，成品口感与一般市售的吐司面包是截然不同的。低糖吐司的口感偏Q弹，也因为不含淀粉，所以并不会像市售面包可以咀嚼出甜味，甜味的部分来自配方里的罗汉果糖或是赤藻糖醇（罗汉果糖及赤藻糖醇可于网站购得，部分烘焙材料商店也可以找到赤藻糖醇）。

| 低糖酵母粉 |

在面包膨胀的方式里，曼蒂的吐司食谱是以酵母发酵为主，而不是使用泡打粉或苏打粉来做膨发面团。酵母的选择，是以做欧式面包专用的"低糖酵母粉"，请依照食谱采买适合的材料，才能确保吐司制作成功的概率。

| 燕麦纤维 |

纤维粉的部分，除了洋车前子壳粉外，这款燕麦纤维也很推荐，两者的共同之处就是吸水率都比较高，但不建议直接做替换，做出来的面包口感不太一样。

总净碳水量	蛋白质	纤维	脂肪	热量
12.17g	**16.91**g	**31.17**g	**38.17**g	**719**kcal

建议分切7份
每份净碳水化合物约1.74g
热量约103kcal

低糖亚麻籽吐司

使用模具：三能 SN2070　　分量：一条总重约 310g

干性材料

小麦蛋白粉…80g　　　赤藻糖醇…20g
黄金亚麻籽粉…45g　　食盐…1/4小匙
燕麦纤维…20g　　　　低糖酵母…4g

湿性材料

鸡蛋…1颗（约55g）
牛油果油…15g
常温水…100g

手揉做法　　（见图49）

1 将干性材料全部放容器内拌匀，低糖酵母放最顶端（这样可以避免酵母接触到食盐，影响活力）。

2 加入所有湿性材料，先以筷子将所有食材搅拌成团状，收圆后静置15分钟，表面须加盖防风干。

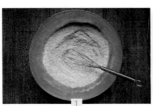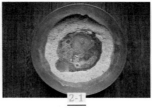

图49-1

3 时间到将面团取出至桌面，开始搓揉面团，此时面团非常黏手，可于手上沾点油，并用刮板铲起辅助，此搓揉动作必须揉到面团呈现弹性，且不黏手的状态，耗时10分钟左右。收圆后放回盆中再静置15分钟，表面加盖防风干。

4 时间到，取出面团拍掉部分空气，抓住面团一边，将面团朝桌面上用力甩打，然后对折再转90°继续甩打，此动作持续约10分钟，直到让面团可撑出薄膜即可。

5 滚圆面团松弛30分钟，再以擀面棍将面团擀成长方形状，翻面后擀卷成柱状，此时面团非常有弹性，收口尽量捏紧。

6 模具铺上烘焙纸方便烤后取出，将面团放入，发酵时间约60分钟不等，室温及擀卷收口的紧度，都会影响发酵时间，待面团膨胀约模具的八分满即可。

7 放入已预热好的170℃烤箱，烤约40分钟，出炉后立即取出脱模，置凉后再分切。

8 室温保存约2天，冷藏5天，冷冻一个月。

图49-2

面包机做法 （见图50）

食谱使用机种：パンの锅（胖锅）型号MBG-036S

1 将干性材料拌匀放入锅内，湿性材料拌匀成团后一起倒入锅内。

2 选择搅拌功能，快速搅打10分钟后静置15分钟，时间到继续选择快速搅打10分钟，时间到检视面团是否产生微弱薄膜，如尚黏手请多打10分钟。

3 取出面团收圆，再放回内锅中，选择发酵键，温度【中温】，发酵30分钟。

4 时间到取出面团，以擀面棍擀平面团，翻面后擀卷，收紧收口，放回内锅改选择发酵键，温度【高温】发酵约50～60分钟，如面团无明显膨胀，继续发酵10分钟。

5 发酵完成，选择烘烤键，温度【中温】烤45分钟。

6 完成烘烤，立即取出内锅，将吐司倒出置凉再分切。

7 室温保存约2天，冷藏5天，冷冻1个月。

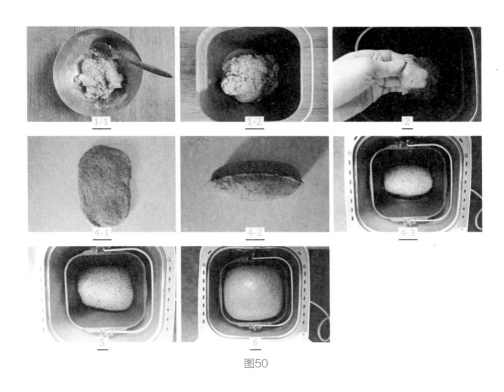

图50

总净碳水量	蛋白质	纤维	脂肪	热量
25.92g	36.55g	20g	48.05g	955kcal

低糖黑芝麻黄豆吐司

分量：一条总重约 310g

建议分切7份
每份净碳水化合物约3.67g
热量约136kcal

干性材料

小麦蛋白粉…80g　　　赤藻糖醇…20g
黑芝麻粉…25g　　　　食盐…2g
生黄豆粉…50g　　　　低糖酵母…4g
洋车前子壳粉…10g

湿性材料

牛油果油…20g
常温水…110g
鸡蛋…1颗

手揉做法　　**面包机做法**　　（做法请参考pp.183-185）

注意

　　食材内的黄豆粉容易上色，所以吐司外皮颜色会较深，使用烤箱可降约10℃烘烤，面包机烘烤行程，改选低温选项拉长总烘焙时间5～10分钟，出炉后静置表面会稍微皱缩，是正常现象。

总净碳水量 **87.33**g 蛋白质 **24.03**g 纤维 **13.4**g 脂肪 **21.56**g 热量 **826**kcal

每份净碳水化合物约8.73g
热量约82.6kcal

减糖全麦燕麦麸餐包

分量：约 10 个

干性材料

小麦蛋白粉…50g   洋车前子壳粉…5g   食盐…2g
全麦（粒）粉…100g   赤藻糖醇…20g   低糖酵母…3g
燕麦麸皮…30g

湿性材料

无盐奶油…15g
常温水…120g
鸡蛋…1颗（约50g）

手揉做法 请参考pp.183-184，无盐奶油于做法3中加入一起揉面。

面包机做法 （见图51）

1 将干性材料拌匀放入锅内，鸡蛋与常温水拌匀后一起倒入锅内。

2 选择搅拌功能，先【慢速】搅打3分钟，再转【快速】搅打10分钟后，静置20分钟。

3 加入无盐奶油选择【中速】搅打5分钟，再转【快速】搅打20分钟，时间到，检视面团是否产生薄膜，如薄膜较弱，请多打5分钟。

4 取出面团收圆，再放回内锅中，选择发酵键，温度【中温】，基础发酵60分钟。

5 时间到以手指插入面团后拔出，观察洞口是否停留，如洞口有回弹表示发酵不足，可再延长发酵约10分钟。

6 取出面团，拍掉大空气，分割成10份，滚圆松弛15分钟，表面以保鲜膜覆盖，以防风干。

7 时间到将面团搓成水滴状，再静置10分钟，再以擀面根擀平面团，翻面后擀卷，成餐包状放于烤盘，进行最后发酵约50分钟，发酵完成前15分钟预热烤箱180℃。

8 发酵完成，放入烤箱烤约15分钟，出炉后将餐包移到置凉架冷却后再食用。

9 室温保存约2天，冷冻一个月，此配方含有面粉，不适合冷藏保存。

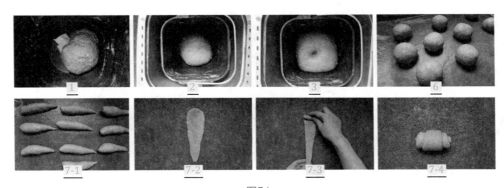

图51

注意

1.分割后滚圆如不成型，则可于松弛后再次收圆，直接进入最后发酵即可。

2.不同品牌的烤箱火力大小不同，请以自家烤箱火力调整烘烤时间。

3.全麦粉请使用整颗小麦研磨的"全粒粉"，而非一般由高筋面粉搭配麸皮的全麦面粉。

4.燕麦麸皮与一般传统燕麦不同，在网上可购买，如果买不到，可用一般燕麦打成粉使用，但口感、碳水量和热量就会不一样。

总净碳水量	蛋白质	纤维	脂肪	热量
9.4g	**7.27**g	**16.43**g	**1.78**g	**187**kcal

万用杏仁马芬（杯子蛋糕）

使用模具：马芬蛋糕模　分量：5cm×3cm 纸模 6 个

材料

烘焙用杏仁粉…100g

泡打粉…1小匙

鸡蛋…3颗约160g

无盐奶油…35g

赤藻糖醇…40g

盐…1小撮（可省略）

兰姆酒…5ml（可省略）

希腊酸奶…20g

做法

1 无盐奶油隔水加热或微波融化后，冷却备用，杏仁粉与泡打粉先拌匀备用。

2 鸡蛋＋盐＋赤藻糖醇拌匀，让颗粒融解后，拌入无盐奶油及酸奶。

3 将湿料倒入干粉里搅拌均匀，倒入已装入纸模的模具里。

4 放入已预热好180℃的烤箱烤20分钟，以竹签插入蛋糕，拔出后无粘黏即可出炉，
有面糊粘黏则可再延长3～5分钟。

变化范例：芋泥与地瓜杯子蛋糕

总净碳水量	蛋白质	纤维	脂肪	热量
17.17g	**29.01**g	**11**g	**79.37**g	**888**kcal

建议分切4份
每份净碳水化合物约4.29g
热量约222kcal

低糖葱花司康

烘焙用杏仁粉…100g

生黄豆粉…20g

泡打粉…1小匙

无盐奶油…30g

无糖杏仁奶…20g

青葱…10g

食盐…1/4小匙

黑胡椒…1/4小匙

大蒜粉…1/2小匙

1 将干粉材料与调味料放容器内拌匀，无盐奶油直接从冰箱取出，切成小丁倒入锅中，用手将粉类与奶油搓成细砂粒状。

2 加入青葱，再加入杏仁奶压拌成团。

3 面团放入保鲜膜整成厚度约1.5cm的长方状，放入冷冻至少20分钟，再取出平均切4份，表面擦点蛋黄液（分量外可省略）。

4 放入预热好180℃的烤箱中层，烤约18～20分钟，置凉微温就可以食用。

图52

注意

　1.请视自家烤箱火力调整时间长短，此司康都是熟料，只要烤到定型即可。

　2.此食谱口感偏松软不干硬，室温可保存2天，冷藏5天。

净碳水化合物 **5.85**g　蛋白质 **4.49**g　纤维 **10.2**g　脂肪 **29.66**g　热量 **314**kcal

牛油果可可慕斯

材料

牛油果…1颗约100g

无糖可可粉…10g

无糖杏仁奶…50g

罗汉果糖…15g

椰子油…2小匙

核桃…5g

蓝莓…10g

做法

1 牛油果切成块状;可可粉与罗汉果糖混拌均匀,备用。

2 将做法1准备的材料与杏仁奶一起置入杯中,打成细致泥状,再加入椰子油继续搅打。

3 完成后放冰箱冷藏20分钟,取出后再以坚果、莓果装饰即可。

注意

　　1.进口牛油果较小,本土牛油果体型较大,判断熟度不能光以外皮颜色来看。进口牛油果会由绿皮转为深色外皮,本土牛油果则不一定会全部变黑。如果蒂头能轻易扳动,且按蒂头周围及果身的部分感觉有弹性,即可剖开食用。

　　2.不同品牌的可可粉吸水度不尽相同,请视自己喜爱浓稠度,增减杏仁奶分量,约10~20g。